数码摄影修图师完全手册（第2卷）

中艺影像 主编
王永亮 著

人民邮电出版社
北京

图书在版编目（CIP）数据

数码摄影修图师完全手册. 第2卷 / 王永亮著 ； 中艺影像主编. -- 北京 ： 人民邮电出版社, 2020.10
ISBN 978-7-115-52878-0

Ⅰ. ①数… Ⅱ. ①王… ②中… Ⅲ. ①图象处理软件—手册 Ⅳ. ①TP391.413-62

中国版本图书馆CIP数据核字(2019)第296531号

内容提要

作者王永亮是国内知名数码摄影后期讲师、原中艺影像学校金牌讲师，对于人像摄影及风光摄影的后期修饰、调色方面都有较为深入的研究。本书是继《数码摄影修图师完全手册（第1卷）》之后作者推出的又一力作，本书分为三章，分别详细讲述了Photoshop 软件中液化和抠图技巧在人像修图中的运用；色彩基础以及人像调色风格技巧；影楼修图师常用的模板套用技巧。

本书适合商业影楼修图师、人像修图师和人像摄影爱好者学习参考。

◆ 著　　　王永亮
主　　编　中艺影像
责任编辑　胡　岩
责任印制　周昇亮

◆ 人民邮电出版社出版发行　　北京市丰台区成寿寺路 11 号
邮编　100164　　电子邮件　315@ptpress.com.cn
网址　https://www.ptpress.com.cn
北京富诚彩色印刷有限公司印刷

◆ 开本：787×1092　1/16
印张：18　　　　　　2020 年 10 月第 1 版
字数：352 千字　　　2020 年 10 月北京第 1 次印刷

定价：118.00 元

读者服务热线：(010)81055296　印装质量热线：(010)81055316
反盗版热线：(010)81055315
广告经营许可证：京东市监广登字 20170147 号

前 言

很高兴再一次与广大读者见面，首先感谢大家对我的支持，如果没有你们的支持这本书也许就不会这么快与读者见面了。这本书是“数码后期修图师完全手册”系列的第2卷，也是与我们网校开设课程同步的教材，是第1卷的延续和升级。

《数码后期修图师完全手册》是根据我在腾讯课堂中艺网校所开设的网络课程《摄影后期修图师》的内容所编写的配套教材类学习教材，全书共分3卷，书中涵盖了网络课程的知识内容，也涵盖了网络课中没有涉及的知识点。整个教材中从初学PS摄影后期开始以一条非常清晰合理的主线贯穿，让读者可以非常有计划有条理地学习。

本书中所涉及的知识点广泛实用，涵盖了软件基础、人像修饰、风光处理、特效制作，从理论讲解到实例操作让读者不但能学会怎么修图，还能让读者明白为什么要这样操作。

因为本书与网络课程配套的，所以除了可以观看书籍学习以外还可以通过网校观看我们的相关教学视频，这样立体式的教学方式是我们改革进步的结果。这可以让读者在学习中更快掌握相关知识，也能够更好地运用所学去改变作品。

我是亮亮老师，也是本书的作者。我在网校所开设的课程很多人都学习过，很多朋友都建议出版配套教材，所以应广大朋友要求我编写了这套教材。因本人并非文学专业人士，所以没有用太多华丽的语言去修饰，但力求将每个理论或者实例都讲解到位，希望读者能轻松愉快地学习后期处理的知识和技能。

如在学习过程中发现失误和疏漏之处，请及时与我们联系，感谢大家的支持！

我们的联系方式：

中艺网校：010-82042021

亮亮老师微博：王永亮老师

王永亮

资源下载说明

本书附赠的素材图，扫描“资源下载”二维码，关注我们的微信公众号，即可获得下载方式。资源下载过程中如有疑问，可通过在线客服或客服电话与我们联系。

客服邮箱：songyuanyuan@ptpress.com.cn

客服电话：010—81055293

目录

第1章 PS软件中级操作技巧 / 5

第2章 带你揭开色彩的神秘面纱 / 118

第3章 人像照片模板套用秘籍 / 223

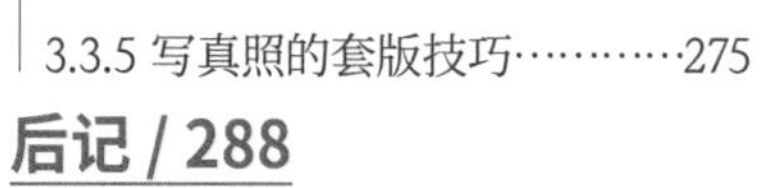

第1章

PS软件中级操作技巧

各位读者大家好，历经数月的编写，这本《修图师完全手册第二卷》终于又与大家见面了。此书是第1卷的延续，逐渐加深了学习的深度与内容，循序渐进的进行。如果你没有看到过第1卷，那我不建议你直接学习第2卷，好多内容你无法承上启下的联系起来，就很难弄明白。

第2卷第1章中的内容主要以人物形体美化、基础抠图、风光修饰为主线，介绍给大家一些修图、抠图、调色的方法技巧。关于那些最基本的工具设置及工具的操作，已在第1卷的内容中有过介绍，在本卷中不再做基本设置和使用的介绍，如遇到不明白处可以参照第1卷内容学习。不说了，言归正传吧！

1.1 人物形体美化技巧

很多的人像照片修饰，都离不开形体的美化与修饰，所谓的形体其实就是人物外形的轮廓，包括身体外形轮廓及面部外形轮廓。形体美化是对人物外形轮廓的处理修正，也就是解决胖瘦问题、高矮问题。当然解决这些问题不是简单说说就能完成的，首先需要熟悉液化命令，因为液化命令是形体美化不可缺少的关键命令。

1.1.1 液化命令的认识及作用

既然液化这么关键，那就先带领各位学习液化这个神奇的命令吧！

液化命令属于滤镜类操作，所以此命令在PS软件中的滤镜菜单下可以找到。

液化命令如图1-1-01所示。

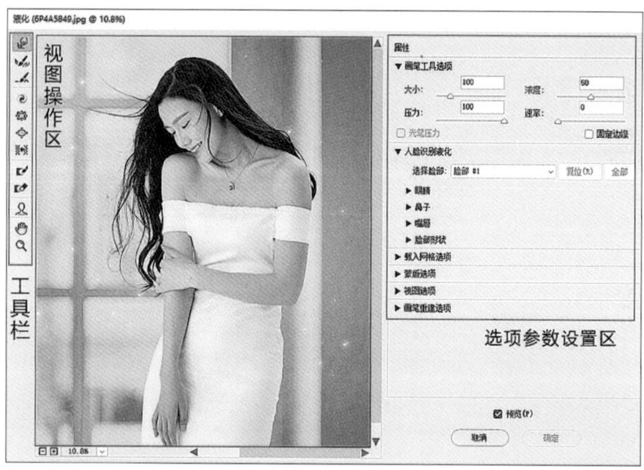

图1-1-01

液化命令本身就是一个软件，它有自己的工具和设置，每个工具的作用不同。在使用液化命令的时候必须要熟悉每项工具的功能，如图1-1-02所示。

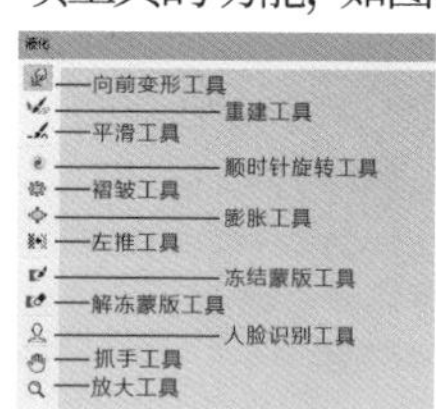

图1-1-02

图1-1-03

向前变形工具：

用于对图像边缘像素进行推挤或拉伸，应用时要注意对笔圈大小的调整及推挤力度的掌控。进行瘦身、瘦脸的修饰时使用此工具较多。

1. 一张脸型不是很精致的人像，如图1-1-03所示。

2. 在PS中打开照片以后直接在滤镜菜单中打开液化命令，如图1-1-04所示。

图1-1-04

3.在液化命令中选择向前变形工具，并且设置画笔属性，如图1-1-05所示。

4.然后在不同区域调整好笔圈大小，直接对人物面部轮廓做向内挤压处理，如图1-1-06所示。

图1-1-05

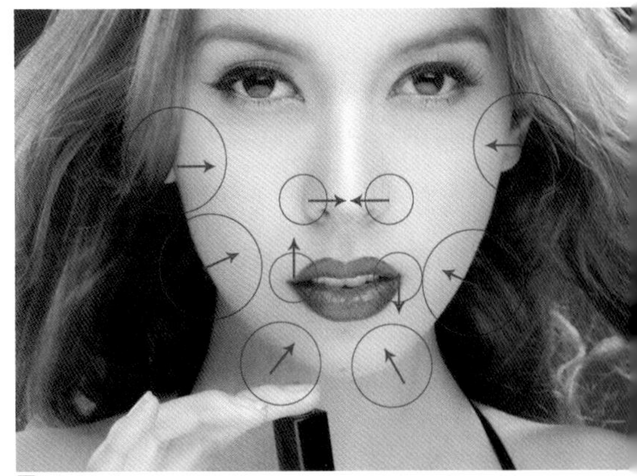
图1-1-06

5.经过以上调整以后，可以明显看出人物脸型轮廓有了很大变化，整个脸型瘦下来了，如图1-1-07所示。

图1-1-07

重建工具：

重建工具是对已经完成的液化变形操作进行反向恢复的操作，选择重建工具后控制画笔的大小，就可以把画笔范围内的变形向着之前的状态进行逐步的恢复。这主要被用来恢复操作失误的部分，是比较实用的一个工具。

1.一张图像在经过液化操作时，不小心将某个区域液化推挤过度，导致变形严重，如图1-1-08所示。

2.此时在液化工具栏中选择重建工具，调整好笔圈大小，直接在推挤过度的部分点住左键涂抹，涂抹过的部分将会恢复到原始状态，如图1-1-09所示。

图1-1-08

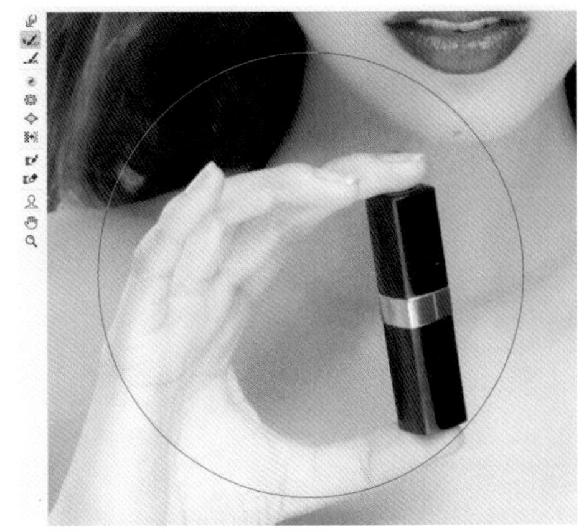
图1-1-09

平滑工具：

该工具主要针对在使用其他工具进行推挤液化时所出现的边缘不平滑的问题，进行平滑处理，尤其在针对使用向前变形工具所出现的锯齿状边缘时，修饰效果明显。

1.一张人像边缘经过液化时，因向前变形工具笔圈大小和力度没有掌握好，而导致人像边缘坑洼不平，如图1-1-10所示。

2.此时只需选择平滑工具，调整好笔圈大小以后，在不平滑的地方点住鼠标涂抹，即可让这些凹凸不平变得平滑圆润，如图1-1-11所示。

图1-1-10

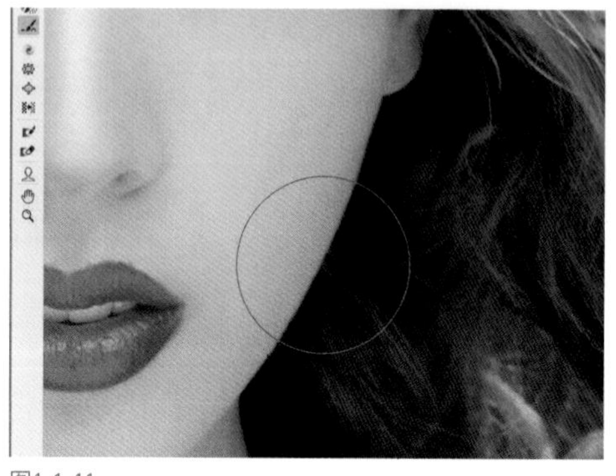
图1-1-11

顺时针旋转扭曲工具：

使用该工具在图像中单击鼠标或移动鼠标指针时，图像会被顺时针旋转扭曲；当按住Alt键单击鼠标时，图像则会被逆时针旋转扭曲。这个工具在人像形体修饰中可以修饰眼睛及嘴巴倾斜的问题，如图1-1-12所示。

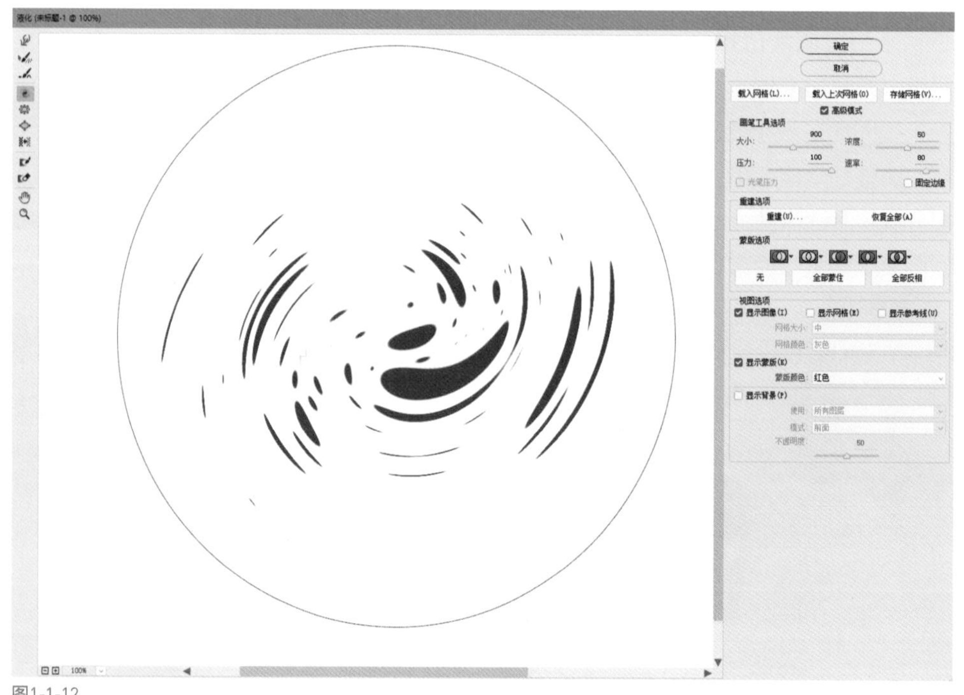

图1-1-12

褶皱工具：

使用该工具在图像中单击鼠标或移动鼠标指针时，可以使像素向画笔中间区域的中心移动，让图像产生收缩的效果。可以对人像中正面的小肚子或者凸起的部分进行收缩修饰，如图1-1-13所示。

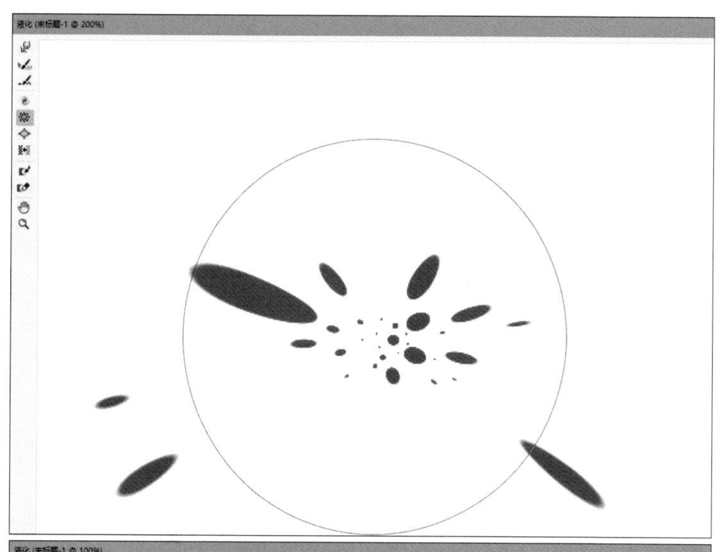

图1-1-13

膨胀工具：

使用该工具在图像中单击鼠标或移动鼠标指针时，可以使像素向画笔中心区域以外的方向移动，让图像产生膨胀的效果。可以修饰人像中不够凸起的部分，如完成女性的胸部丰胸的效果，如图1-1-14所示。

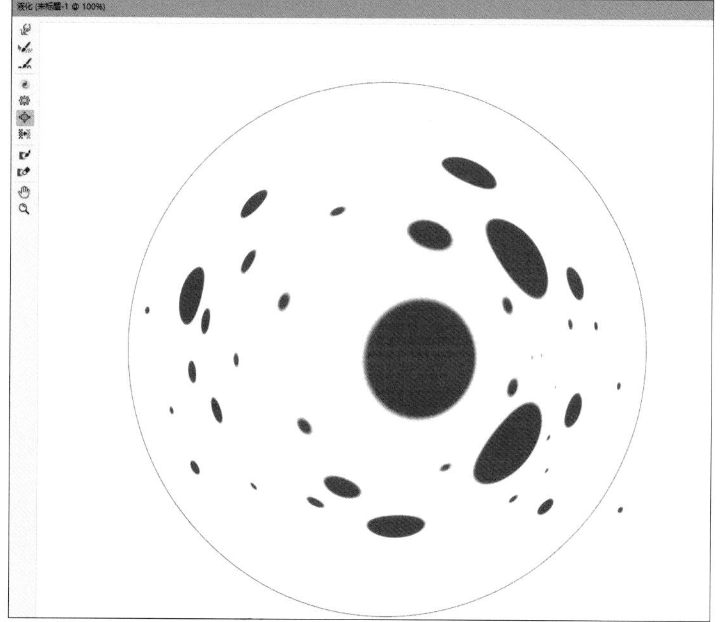

图1-1-14

左推工具：

该工具的使用可以使图像产生挤压变形的效果，使用该工具垂直向上拖动鼠标时，像素向左移动；向下拖动鼠标时，像素向右移动。当按住Alt键垂直向上拖动鼠标时，像素向右移动；向下拖动鼠标时，像素向左移动。若使用该工具围绕对象顺时针拖动鼠标，则可增加其大小；若逆时针拖动鼠标，则减小其大小，如图1-1-15所示。

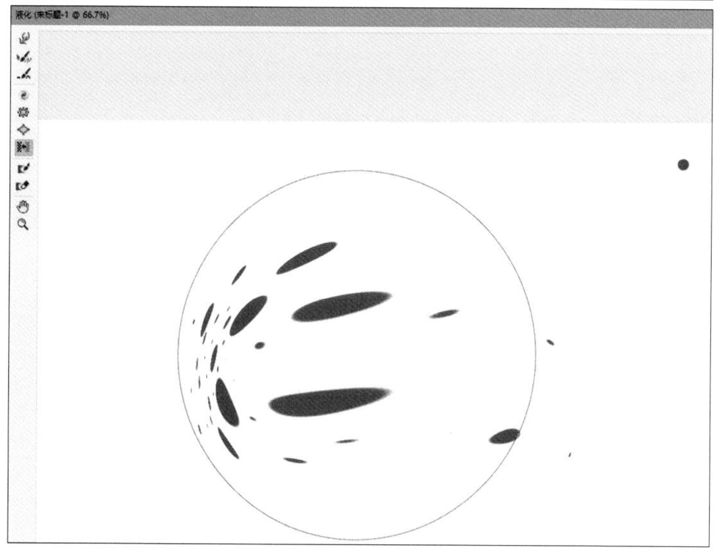

图1-1-15

冻结蒙版工具：

使用该工具可以在预览窗口绘制出冻结区域，在调整时，冻结区域内的图像不会受到变形工具的影响。当需要液化的部分与不需要液化的部分相邻或者间隙很小的时候，此工具就会发挥作用，如图1-1-16所示。

解冻蒙版工具：

使用该工具涂抹冻结区域就能够解除该区域的冻结。

图1-1-16

人脸识别工具：

这个工具是从Photoshop CC 2017版本开始增加的一款更加高级的人脸识别功能，可自动识别眼睛、鼻子、嘴巴及其他脸部特征，让您更容易调整这些部分。此功能适用于人像照片调整、创作趣味人像漫画等。

选择此工具，就可以在人物面部看到出现了脸型或五官的调整线，鼠标指针移动到哪里就可以看到相对应的调整线，如图1-1-17所示。

当一张人像中有正面或者稍侧面的面部时，液化里面的人脸识别系统就可以识别人物的面部脸型和五官，此时你就可以通过拖曳鼠标指针来改变人物的脸型轮廓及五官细节了。

图1-1-17

抓手工具：

放大图像的显示比例后，可使用该工具移动图像（或按住空格），以观察图像的不同区域。

缩放工具：

使用该工具在预览区域中单击鼠标可放大图像的显示比例，按下Alt键在该区域中单击鼠标，则会缩小图像的显示比例。

画笔工具选项：

画笔工具选项可用来设置当前所选工具的各项属性，如图1-1-18所示。

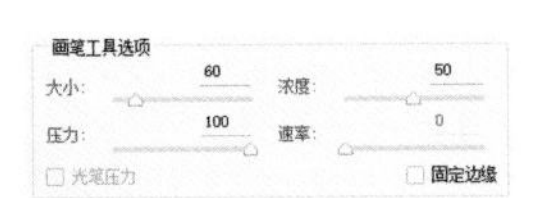

图1-1-18

大小：用来设置扭曲图像的画笔宽度，随着调整区域不同随时调整大小。

浓度：用来设置画笔边缘的羽化范围，通常保持中间值比较合适。

压力：用来设置画笔在图像上产生的扭曲强度，较低的压力更适合控制变形效果。

速率：用来设置画笔在图像上产生的扭曲速度，较低的速率更适合控制变形效果。

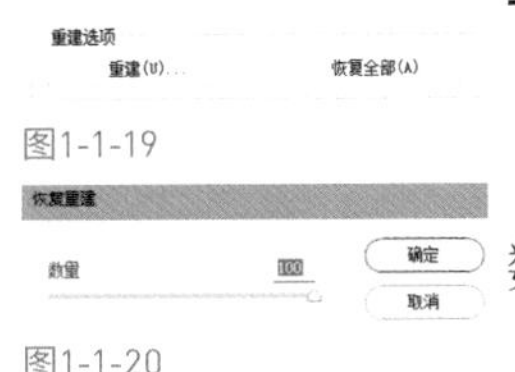

图1-1-19

图1-1-20

重建选项：

用来设置重建的方式，以及撤销所做的调整，如图1-1-19所示。

重建：单击该按钮打开对操作过的效果恢复调整的比例滑块，按照恢复比例重建，数值越少恢复越多，数值越多扭曲效果越明显，如图1-1-20所示。

恢复全部：单击该按钮可以去除扭曲效果，冻结区域中的扭曲效果同样也会被去除。

蒙版选项：

当图像中包含选区或蒙版时，可以通过蒙版选项对蒙版的保留方式进行设置，如图1-1-21所示。

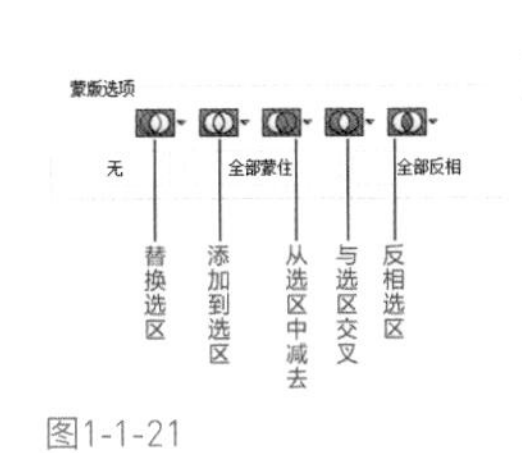

图1-1-21

替换选区：显示原图像中的选区、蒙版或者透明度。

添加到选区：显示原图像中的蒙版，此时可以使用冻结工具添加到选区。

从选区中减去：从当前的冻结区域中减去通道中的像素。

与选区交叉：只使用当前处于冻结状态的选定像素。

相反选区：在选定像素范围内使当前的冻结区域反相。

无：单击该项后，可解冻所有被冻结的区域。

全部蒙版：单击该项后，会使图像全部被冻结。

全部相反：单击该项后，可使冻结和解冻的区域对调。

视图选项：

视图选项是用来设置是否显示图像、网格或背景的，还可以设置网格的大小和颜色，蒙版的颜色、背景模式以及不透明度，如图1-1-22所示。

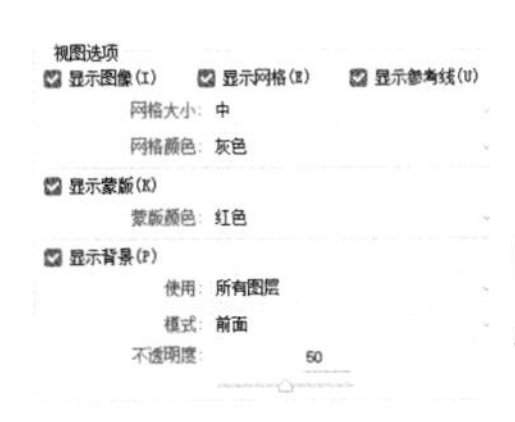

图1-1-22

显示图像：勾选该项后，可在预览区中显示图像。

显示网格：勾选该项后，可在预览区中显示网格，使用网格有助于查看和跟踪扭曲。可以选取网格的大小和颜色，也可以存储某个图像中的网格并将其应用于其他图像。

显示参考线：勾选后可以显示PS软件本身的辅助参考线。

显示蒙版：勾选该项后，可以在冻结区域显示覆盖的蒙版颜色。在调整选项中，可以设置蒙版的颜色。

显示背景：可以选择只在预览图像中显示现用图层，也可以在预览图像中将其他图层显示为背景。

前面详细介绍了液化命令中各个工具及选项的设置及用法，掌握好这些基本用法是用好液化命令的关键，后面的内容中会利用液化对人物形体进行详细修饰。

介绍完上面这些选项以后，我们再详细介绍液化命令中新增加的人脸识别选项，除了在前面介绍的对人物面部及五官进行修饰以外，人脸识别选项还可以更精准更详细地对人物的脸型及五官进行调整修饰。要想真正的认识了解此项功能，一定要将PS版本更新到CC 2017以上。

人脸识别选项：

此选项非常详细地将人物的面部轮廓、宽度、高度，以及五官中眼睛的高度、大小、宽度加上鼻子的宽度、高度等所有面部细节进行了细化分类调整。通过对滑块或者参数的修改来改变某处的形态效果，操作简单，效果明显，可以说使人像面部形体调整更加方便，如图1-1-23所示。

图1-1-23

眼睛：在眼睛的选项中可以通过调整滑块对人物的左、右眼睛分别进行调整。可以调整眼睛的整体大小，也可以单独调整眼睛的高度和宽度。可以调整双眼各自的倾斜角度，也可以调整双眼之间的距离，如图1-1-24所示。

图1-1-24

鼻子：此选项主要用来调整鼻子的整体高度及宽度，可以增加也可以减少，如图1-1-25所示。

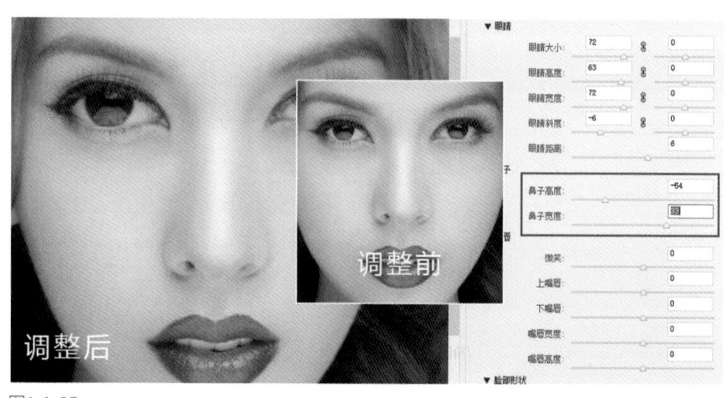

图1-1-25

嘴唇：在此选项中最值得一试的就是"微笑"的调整，这应该说是液化命令中最大的一个更新，通过滑块的左右滑动可以直接改变人物表情。通过液化来改变人物的喜怒哀乐，的确不可思议。

除了这项功能以外，还可以分别调整上、下嘴唇，可以调整嘴唇的厚度、宽度，也可调整嘴唇位置的高度，如图1-1-26所示。

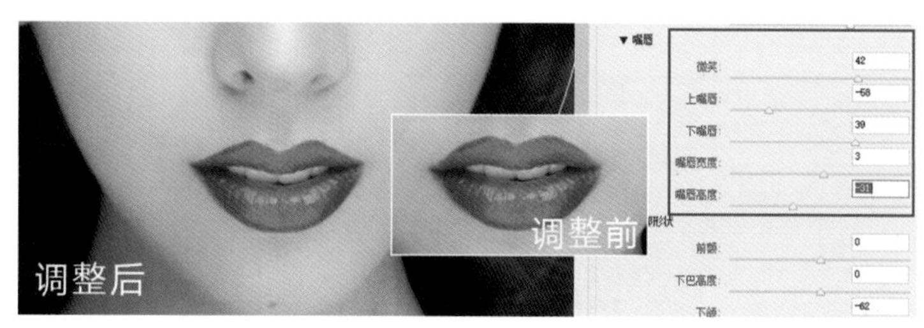

图1-1-26

图1-1-27

脸部形状：可以调整整个脸型轮廓结构，包含：额头的高矮，面部的宽度，下颌的大小，以及下巴的长短，如图1-1-27所示。

这里介绍了液化命令的功能的操作方法。主要是让读者能够对液化命令有一个初步的认知和初步的了解，为后面人物形体修饰的学习打下基础。

1.1.2 人物形体轮廓分析

想修饰好人物形体，除了要掌握液化命令的操作以外，还必须要深入了解人物形体轮廓。人物形体轮廓指的是人物形体的外形曲线，包括人物面部轮廓、人物身体轮廓以及人物身高比例。如果细化研究的话，其中包括的内容会更丰富。若想在修饰人像形体方面奠定一个好的基础，就一定要认真学习下面的内容。

1. 人物面部轮廓

人物面部轮廓是人像中被处理几率比较高的部分，而且人的面部所包含的需要调整的部分也较多。在整个人物面部中，单以轮廓角度来划分就可以划分出脸颊轮廓、五官轮廓、发型轮廓。如果从人像所拍摄的机位角度上划分，还可以分为正面轮廓和侧面轮廓。而且这些轮廓在形体修饰上都遵循一定的规律，我们需要分析的就是不同区域在修饰的时候该遵循哪些的规律。

人物面部的脸颊和五官形体修饰中所遵循的规律是面部的宽度、高度及五官的比例位置。在美学中这一规律被概括为“三庭五眼”。

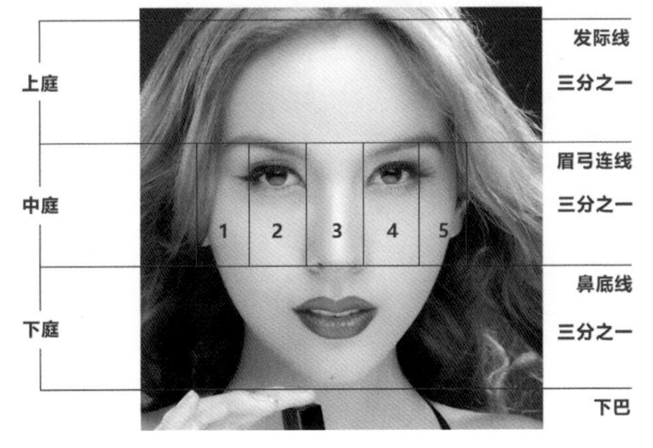

图1-1-28

三庭五眼：三庭指脸的长度比例，把脸的长度分为三个等分，从前额发际线至眉弓连线，从眉弓连线至鼻底，从鼻底至下巴，各占脸长的1/3。五眼指脸的宽度比例，以眼形长度为单位，把脸的宽度分成五个等分，从左侧发际至右侧发际，为五只眼形的长度。两只眼睛之间有一只眼睛长度的间距，两眼外侧至侧发际各为一只眼睛长度的间距，各占比例的1/5，如图1-1-28所示。

我们所说的三庭五眼是理想化的标准。此标准可作为液化时的参考，尽量让人像面部达到这种完美，但是由于每个人相貌不同、面部特点不同，也并非必须要达到标准的三庭五眼，还是要以人物相貌为基础，切勿只为了追求标准的比例而使人物长相发生明显变化，这就失去了后期修饰的意义。

再者根据拍摄时机位高度不同也会导致人物面部偏离三庭五眼的标准，比如顶机位也就是俯视机位（或人物低头），拍摄出的人像明显上庭会加长，下庭会缩短，如图1-1-29所示。而低机位也就是仰视机位（或人物抬头），所拍摄出的人像明显下庭较长，上庭较短，如图1-1-30所示。这两种情况拍摄的照片在进行修饰的时候就不能强行将三庭调整为相等，要根据事实关系调整，保持画面的透视效果。

图1-1-29

图1-1-30

前面所介绍的是在人像处于正面角度的时候要遵循的规律，当人像发生角度变化的时候三庭可以适用，但是五眼就不再适用了。侧面人像在液化形体的时候也有其遵循的规律，这个规律在美学中被称为“四高三低”。

四高三低： 所谓四高三低其实是我们对一个人审美的要求标准，但是在美学以及摄影领域也沿用了这个标准。四高三低就是人物面部存在的四个高点和三个底点。四高指的是人物额头、鼻尖、唇珠、下巴；三低指的是鼻根部（两眼之间）、人中、下唇凹，如图1-1-31所示。

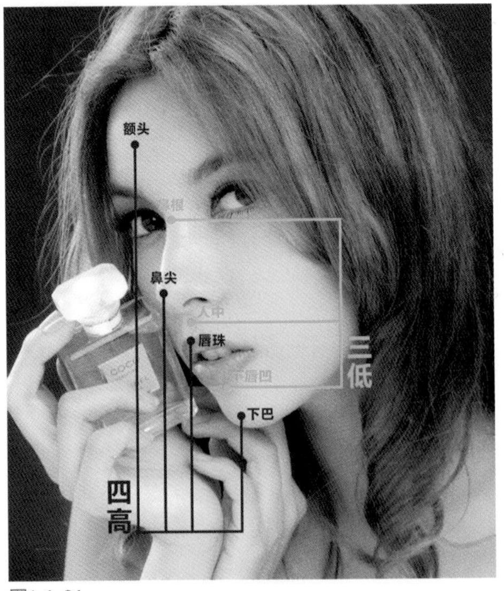

图1-1-31

如果一个人面部符合四高三低的标准，那这个人即便不是帅哥美女也绝对是一个长相很标致的人。我们在液化的时候可以按照这个标准去适当改变人物侧面的面部轮廓，可以提高额头、鼻尖、唇珠、下巴。也可以降低鼻根、人中以及下唇凹部分。以便让一个人的面部轮廓及五官变得精致立体。侧面人像可以通过液化来调整，但是正面人像遵循这个标准是需要通过明暗关系来表现的。

需要强调的是，在对人像调整四高三低的时候，依然要遵循其原始相貌特征，可以在允许的范围内拉高或压低，切勿只追求人物形体轮廓美观。

2. 人物形体轮廓

人物形体轮廓指的是人物全身的外形轮廓及曲线，包括肩膀、手臂、胸部、腰部、小腹、臀部、大腿及小腿部分，当然根据所拍摄角度不同会展现出不同角度的轮廓。身体的每个区域都有其液化修饰的标准，对于女性人像而言，通常情况下一部分是需要进行压缩修饰的(如瘦身)，比如手臂、腰部、大腿、小腿这些部分。另一部分则属于膨胀(丰满）修饰，比如胸部、臀部。这些主要是为了表现出女性性感圆润的外形轮廓，整体以柔美的线条为主，如图1-1-32所示。

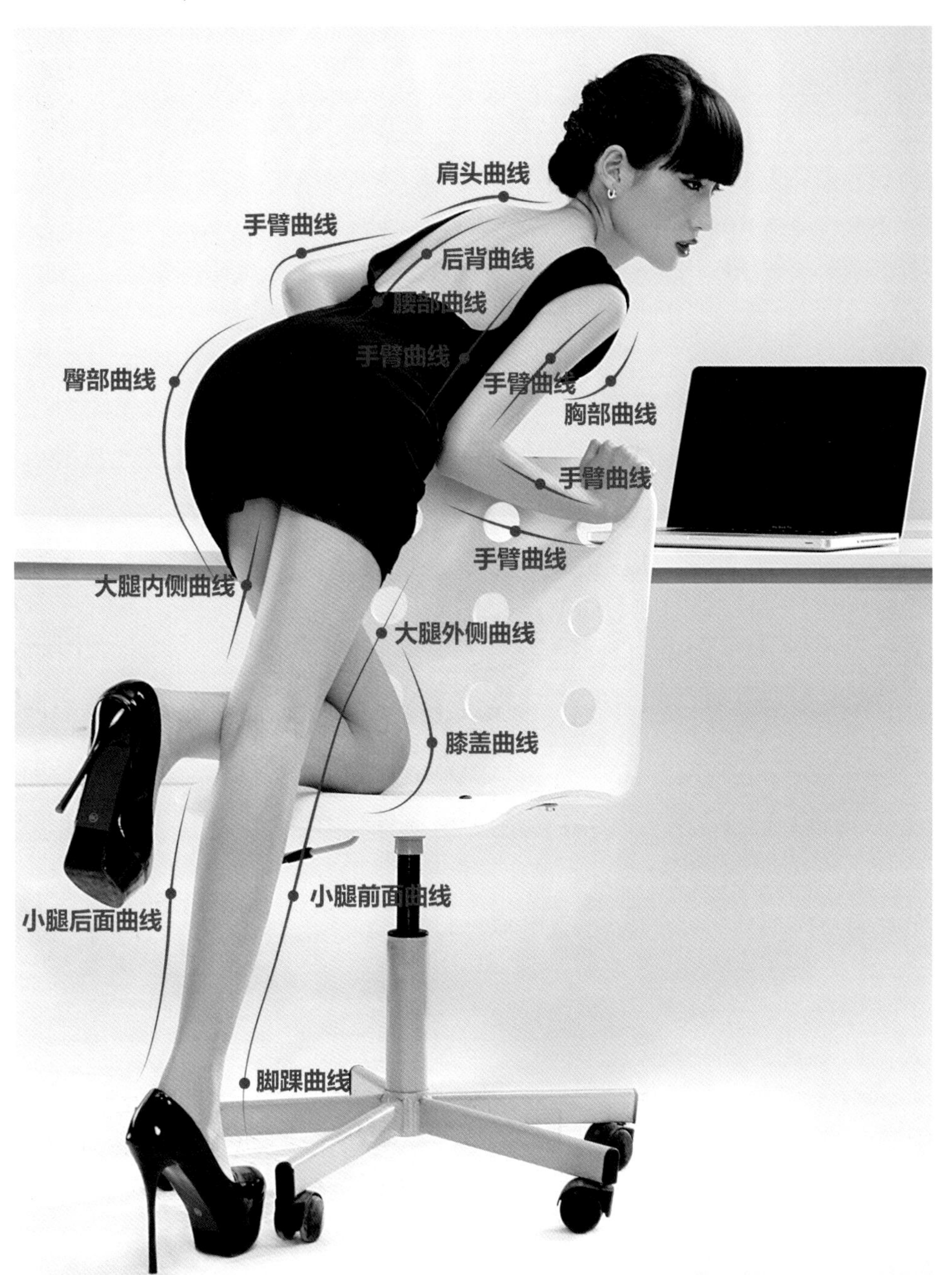

图1-1-32

但对于男士人像而言，在修饰中主要要表现出男性刚强威猛的一面，尽量将所有形体线条修饰得笔直有力度。也可以尽可能表现出男人肌肉的发达与紧绷感，以此来展现出男人阳刚的气质，如图1-1-33所示。

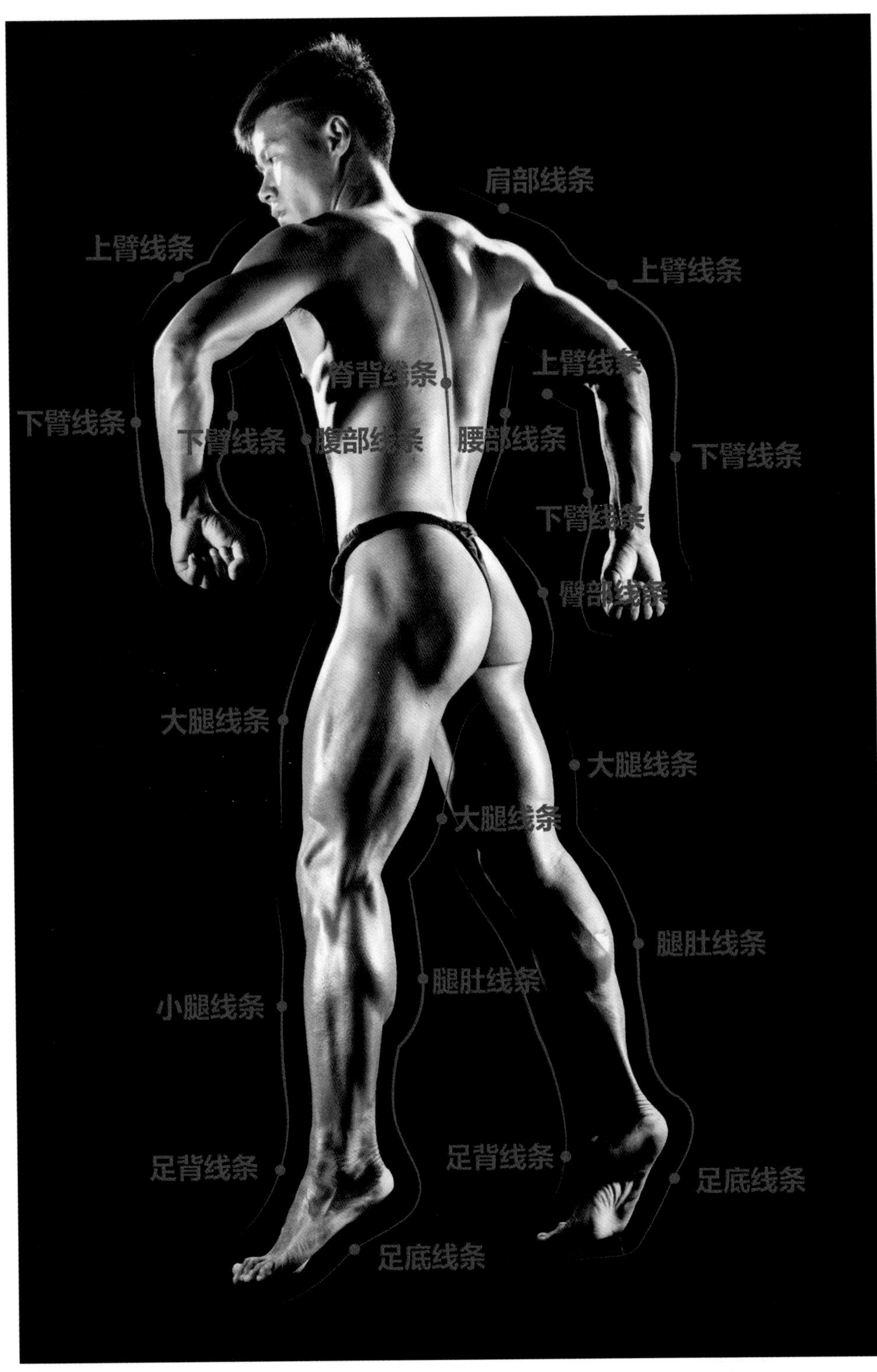

图1-1-33

前面两幅图清晰明了地标注出了女性人像与男性人像中形体轮廓的概括线条，对比可以看出女性形体轮廓外形以流畅、圆滑、柔美为主；男性形体轮廓以刚强、有力、紧绷为主。这就要求在液化过程中针对不同人像采取不同的液化形式及液化力度。

3. 人物形体比例

人物形体比例指的是人物身高比例，在测量人物身高比例的时候通常是用人物头部的高度作为参照依据的。正常人的身高比例可以用“站七坐五盘三半”来概括，其意思就是一个成年人在站立的时候其身高相当于七个到七个半头部的高度，如图1-1-34所示。当然也有特殊人的身高能占到八个头高以上。端正坐着的时候其高度相当于五到五个半头高，如图1-1-35所示。盘腿坐着或者蹲着时候其高度相当于三个半至四个头高，如图1-1-36所示。

图1-1-34

图1-1-35

图1-1-36

这些身高比例是为我们调整人像时的参考，只要调整身高不超过这个比例太多都是可以的。

除了身高与头高的比例外，人物身体比例还有一些比较标准的黄金比例，比如上半身与下半身的比例。

以腰线为分界，下半身与上半身比例为1 : 0.618；腰线到肩 : 肩到头顶≈1 : 0.618，腰线到膝盖 : 膝盖到足底≈1 : 0.618，这是人体大致比例参照标准，如图1-1-37所示。

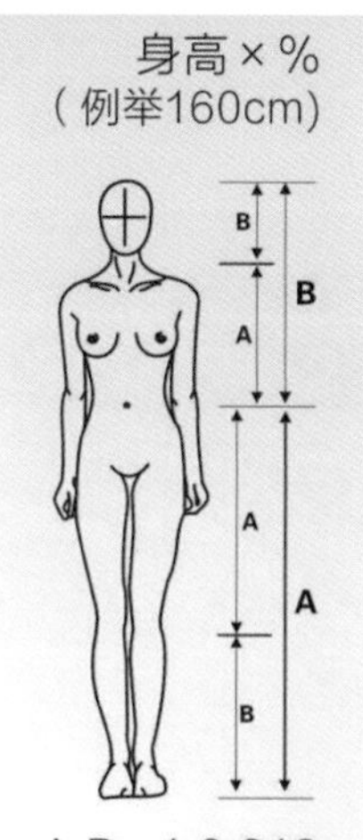

图1-1-37

1.1.3 液化命令美化人物形体

了解了前面介绍的这些基础知识，以及形体曲线和形体比例后，我们就要将这些内容真正运用到实践中去。那么，当使用液化命令处理人物形体时应该如何入手呢？每个局部应该处理成什么效果呢？请看下面的讲解。

1. 液化人物形体需要修饰的部分

发型的液化：完美的发型能塑造人物的脸型，提升人物气质，对整体感觉的塑造也很重要，不同的发型能给照片整体带来不同的效果，但在很多时候由于前期各种原因的限制，使造型师和摄影师无法达到想要表达的效果，这就要通过后期修图来进行完善，如图1-1-38所示。

图1-1-38

四肢的液化：四肢一定要圆润纤细，要表现出肌肉的紧致。女性的肩膀一定要液化得圆润精致。骨关节在修饰时要注意不能显现很明显的凹凸棱角，要均匀，如图1-1-39所示。

图1-1-39

在液化四肢时画笔的密度和压力数值设置得不要太大，这样才能更好地控制画笔，从而更好地修饰肢体的曲线。在修饰大腿、小腿、大臂和小臂等不同的地方时，要改变画笔大小，以达到人物肢体柔美润滑的效果。

胸形、腰身及臀形的液化：理想的体形取决于胸部、腰部、臀部等部位的比例和高度，并且要左右对称。乳峰应位于从头顶起往下2个头部长度的位置，即肩头与肘部之间正中央的地方。腰部应位于手臂肘部附近的位置。臀部的理想位置是身高的整二分之一的高度，如图1-1-40所示。

图1-1-40

如果臀部松垮，那么腰部以下则会失去美感，下半身的比例也会给人一种失去平衡的感觉。所以，在液化修饰人物时千万别让臀部的支点破坏了身材和整体画面的平衡。在液化胸形、腰身及臀形时，不要一味地去液化边缘轮廓，因为这些部位一般都是有衣服地方，通常衣服都是有花纹和质感的，一味地液化边缘轮廓会造成衣服上的花纹和纹理变形过大，失去真实感，应该随着边缘轮廓液化时位置的变化，从边缘向内呈渐变式发生位置的推移和纹理变形，这样才能达到丰满、紧致的真实效果。

2. 液化人物形体各部分的液化标准

脸型标准：在原始脸型的基础之上尽量将脸型向着偏瘦的效果处理，轮廓线要圆滑流畅，结构变化要清晰可辨，不可过于夸张，如图1-1-41所示。

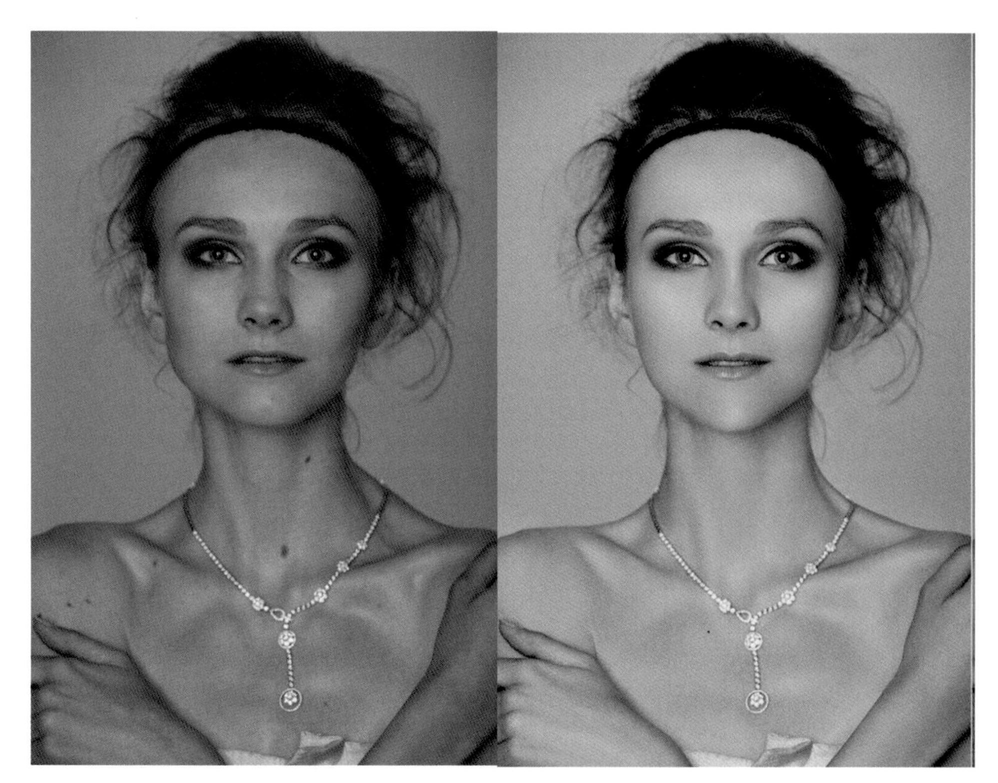
图1-1-41

五官标准：在不改变五官基本形态的基础上，适当放大眼睛，减小鼻子与嘴的宽度，嘴唇应饱满性感且适当带有微笑表情，如图1-1-42所示。

图1-1-42

胸部标准：胸部形态以浑圆饱满为主，如果是平胸，可适当增加其丰满效果，尽量达到饱满坚挺，水平高度不应该低于腋窝至臂弯的二分之一处，如图1-1-43所示。

腰部标准：腰部美化应对照臀部和胸部合理细化，要保持健康的状态，避免风吹即断的效果。美丽的腰还应长短适中，不能过长或过短，长短适中的腰其理想位置为：站立时两手自然下垂和手肘弯曲处在同一条水平线上，如图1-1-44所示。

图1-1-43

图1-1-44

臀部标准：美臀应该是臀部最凸出的地方刚好位于身体的中心位置，其大小应与上半身的比例协调，看起来轻盈、微微上翘。美姿是侧面的臀部曲线应浑圆挺拔。臀部是身材的隐形平衡支点，亦被称为黄金分割点。如果人物臀部丰挺、结实，就自然会彰显出腰部的纤细，与此同时，也会为人物的腿部增加明显的修长效果。臀部的圆翘，自然会带动身材曲线的窈窕，如图1-1-45所示。

图1-1-45

腹部标准：腹部的美也十分重要，特别是从侧面看腹部应平平坦坦，即使后仰的造型也不应有凸出现象，如图1-1-46所示。

图1-1-46

手臂标准：美丽的手臂在整张图片中也能起到很重要的作用，美臂应该是肩头手臂圆润，皮肤光滑细腻拥有健康的光泽和柔顺的线条，如图1-1-47所示。

图1-1-47

腿部标准：修长的美腿必须具有浑圆的外形，小腿肚也不能太粗。腿的完美修长影响整体美感。一张全身的照片中，腿是总体造型的支撑点，没有完美的腿就很难达到婀娜多姿的整体曲线，整个照片就失去了应有的美感，如图1-1-48所示。

图1-1-48

脖子标准：脖子部分一般很容易被忽略，其实脖子离脸部最近，在视觉中起到很重要的作用，所以脖子的不完美就会直接降低脸部的美感，处理脖子部分的标准是：颈部形体浑圆、饱满，没有褶皱但应保留部分肌肉或结构感，锁骨部分不应太过骨感，否则会失去圆润感，如图1-1-49所示。

图1-1-49

1.1.4 完美身材是怎样炼成的?

前面介绍了很多人物形体处理的知识，那么这些知识该如何运用到实际操作中呢?接下来就进入实例演示。

一张照片的完美修饰并不只限于液化和处理形体部分，还包括了很多的修饰和调整，所以示例中除了介绍液化部分外，也加入了整个照片修饰的其他流程，旨在让大家熟悉照片修饰的整体流程。

1.启动PS软件，在电脑的文件夹中找到需要修饰的照片（见图1-1-49），将其在软件中打开。

图1-1-50

2.在处理形体之前，先对照片做一些基本修饰。在滤镜菜单下打开Camera Raw滤镜，如图1-1-51所示。

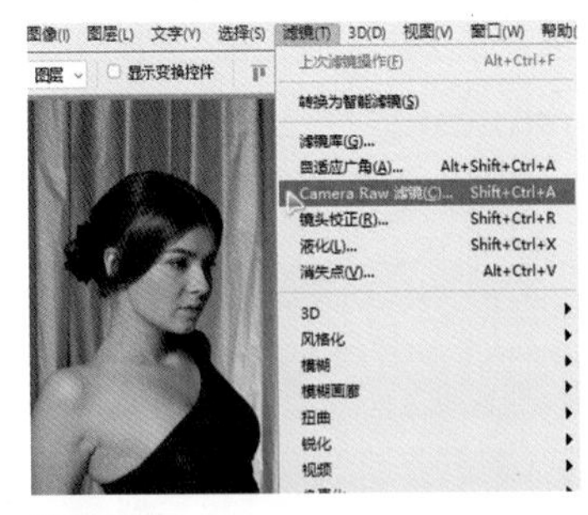

图1-1-51

3.可以先用Camera Raw滤镜对照片的色温及色调做处理，接着调整照片的曝光、对比度，让整个照片看上去色彩及明暗都正常。对照片的细节层次也可以进行一些处理，可以调整高光、阴影、白色及黑色。也可以对照片稍作柔肤处理，只需将清晰度数值降低即可，最后适当减少一些画面的饱和度和自然饱和度，让整个效果显得柔和时尚，如图1-1-52所示。

图1-1-52

4.接下来修饰人物的皮肤，可以直接使用仿制图章工具，在图层面板下方点击新建图层按钮，创建新图层1，如图1-1-53所示。

5.在工具栏中选择仿制图章工具，并设置好它的属性，尤其是要设置样本为当前图层和下方图层，只有这样才可以在新建图层上进行修饰处理，如图1-1-54所示。

图1-1-53

图1-1-54

6.利用图章修饰的时候要注意图章的使用技巧，人物的结构及明暗变化相结合（这一部分内容在第一卷中已做过详细介绍，此处不做赘述），细致地将人物的皮肤修饰干净，如图1-1-55所示。

7.只修饰人物皮肤还不够完美，再花点时间修饰背景中的地面部分，修饰完的效果如图1-1-56所示。

图1-1-55

图1-1-56

8.仔细观察，可以看出画面中一些部分的明暗变化还需进一步调整。在工具栏中点开快速蒙版按钮，然后选中画笔工具，设置画笔工具的不透明度为30%~40%，如图1-1-57所示。

9.调整好画笔笔圈大小，主要在人物的小腹及臀部做涂抹，其余部分可以适当涂抹一两次，如图1-1-58所示。

图1-1-57

图1-1-58

10.涂抹结束后可以在工具栏中点击快速蒙版按钮，退出快速蒙版编辑，这样就可以将涂抹部分转换为选区（如果选区出现反选，请设置快速蒙版属性，双击快速蒙版按钮打开快速蒙版选项，点选所选区域即可）。对转换的选区添加曲线调整层，如图1-1-59所示。

图1-1-59

11.直接利用曲线提升选中部分的明度，顺带增加一些暗部的重色，也就是增加对比度，如图1-1-60所示。

图1-1-60

12.再次进入快速蒙版，使用画笔涂抹人物腿部，可以着重涂抹前面显示最全的腿，如图1-1-61所示。

13.涂抹完毕以后退出快速蒙版得到选区，在图层面板下方打开调整层，添加曲线调整层，如图1-1-62所示。

图1-1-61

图1-1-62

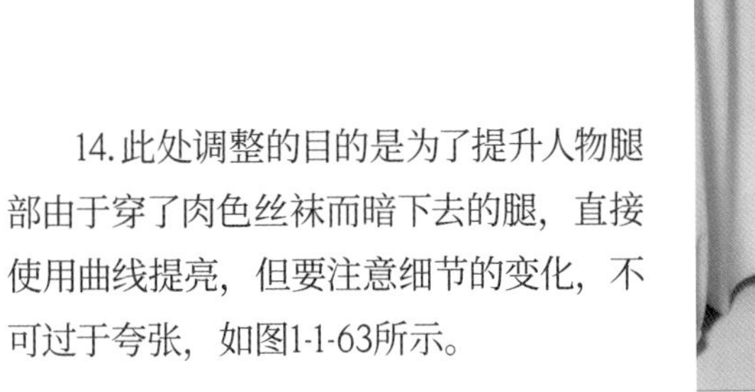

14.此处调整的目的是为了提升人物腿部由于穿了肉色丝袜而暗下去的腿，直接使用曲线提亮，但要注意细节的变化，不可过于夸张，如图1-1-63所示。

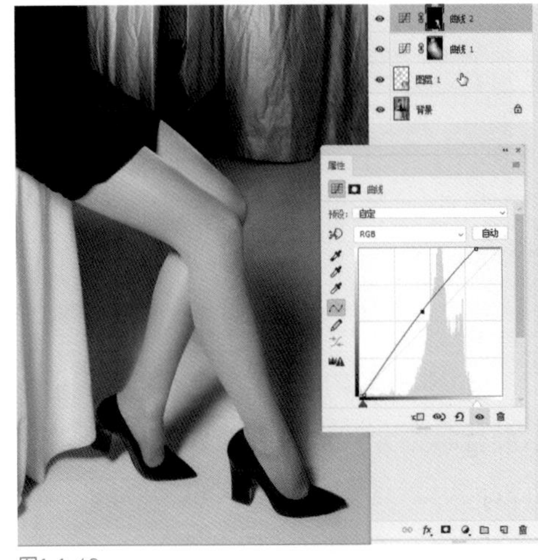

图1-1-63

图1-1-64

15. 再对整体色调进行调整，添加曲线调整层，利用三个不同通道改变照片的色彩，依照个人审美喜好进行处理即可，如图1-1-64、图1-1-65、图1-1-66所示。

图1-1-65

图1-1-66

16. 基本处理调整告一段落，接下来进入形体的修饰处理环节，不过为了能够顺利地使用滤镜，一定要盖印一个图层出来，如图1-1-67所示。

17. 在液化过程中，一般都是先液化头部（头发）、面部等。在滤镜菜单下找到液化命令并打开，如图1-1-68所示。

图1-1-67

图1-1-68

18. 在液化命令中先选择第一个向前变形工具，设置其压力和密度值为50左右，调整好笔圈大小。这里主要利用向前变形工具将人物的发型轮廓、面部轮廓及脖子部分进行推挤处理，处理的时候一定要结合前面所讲到的面部结构比例关系等知识。对比原始照片，已经标注出需要推挤的方向，如图1-1-69所示。

19.面部处理好以后，目标对准人物身体部分，主要液化推挤胸部(尽量丰满挺拔)、腹部(平坦无赘肉)、小腹(紧致有力度)、腰部(纤细有弧度)、臀部(浑圆挺翘)、手臂(少肉有力量)。这些部分的推挤方向如图1-1-70所示。

图1-1-69

图1-1-70

20.下面开始修饰腿部的形体，大腿尽量推挤得细一些，但要恰到好处。小腿纤细笔直，腿肚子可以收回去，让曲线更流畅。要注意的是两条腿的粗细要一致，整个腿部的推挤方向如图1-1-71所示。

21.到现在整个形体的处理基本结束，看看整体效果，也可以在效果图中查找还有没有需要继续修饰的部分，如图1-1-72所示。

图1-1-71

图1-1-72

22.观察后总觉得还是欠缺点什么，总感觉图中美女的两个胸大小不一样，其实这是角度的问题。不过还是要尽量减少这样的视觉误差，进入快速蒙版，用画笔涂抹外侧胸的部分，如图1-1-73所示。

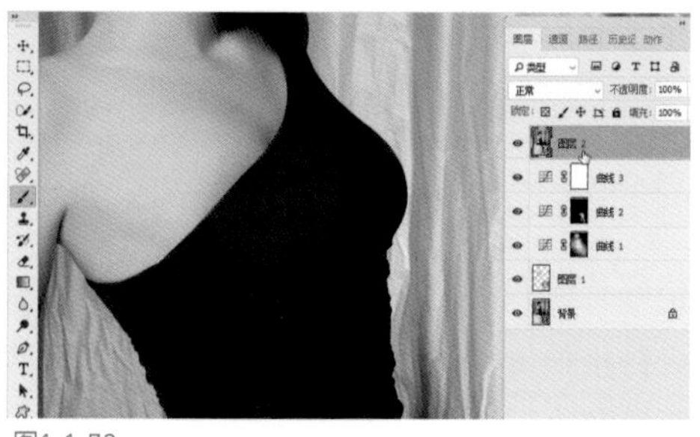

图1-1-73

23.退出快速蒙版得到选区，给选区部分添加曲线调整层，利用曲线将选中的胸部适当提亮，这样就显得丰满了一些，如图1-1-74所示。

24.现在该合并图层了，选中所有图层，在任意图层的灰色部分点击右键，在下拉菜单中选择合并图层，如图1-1-75所示。

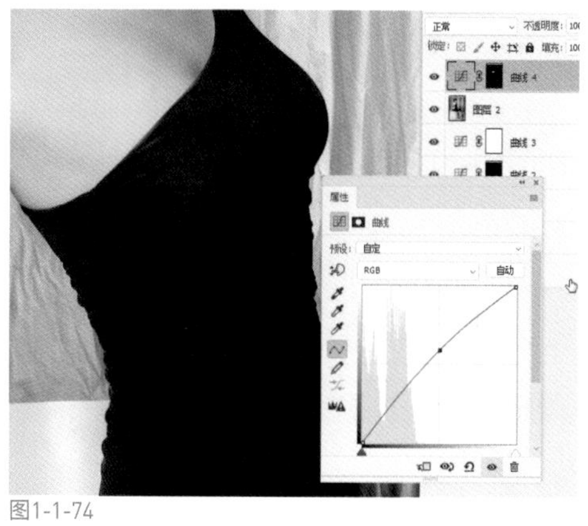
图1-1-74

图1-1-75

25.合并图层后，直接在工具栏内选中裁切工具，利用裁切工具中的“加法”裁切画面，主要是为了给画面的下方增加出一些空间，如图1-1-76所示。

26.增加的空间其实是为了拉长人物的腿部而预留出来的，从工具栏中选择矩形选框工具，从人物膝盖处往下选择，两边都得选择到最边缘才可以。选好以后在编辑菜单下选择自由变换命令，直接利用自由变换拖曳底边的中点，向下拉长腿部，如图1-1-77所示。

图1-1-76

图1-1-77

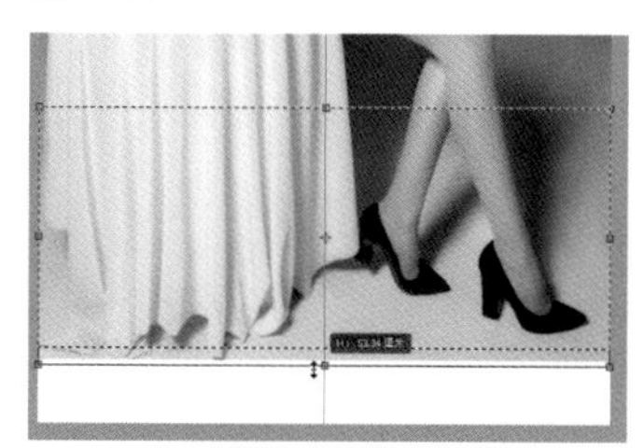
图1-1-78

27.拉长一次以后按下回车键确认，然后取消选区。接下来再次利用矩形选框工具框选择人物小腿腿肚往下的部分，左右都要选择到最边缘。然后将选中部分利用自由变换继续向下拉长，如图1-1-78所示。

28.确认并取消选区以后，再次进行选择，此次选择脚踝以下的部分，选择好以后执行自由变换命令。利用自由变换将人物的脚部缩回原来的比例，也就是向上拖动底边，如图1-1-79所示。

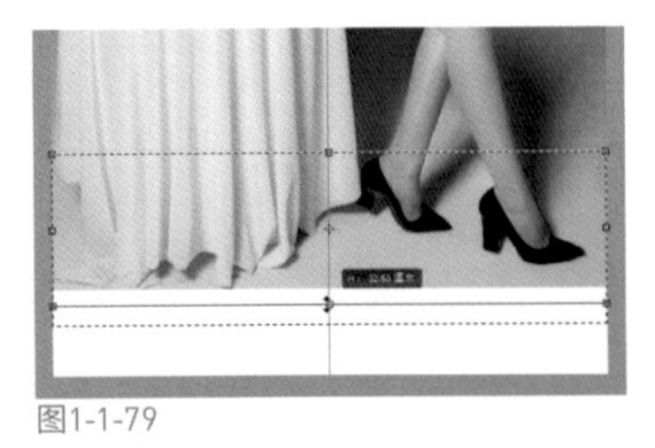
图1-1-79

图1-1-80

29.人物腿部被拉长了，整个身体的比例看上去也协调了。再利用裁切工具裁切掉多余的部分，也可以借此重新构图，如图1-1-80所示。

30.最后一次液化，打开液化命令，直接选择人脸识别工具，在右侧的人脸识别选项中对人物的五官脸型进行细化处理，可以把眼睛放大一些，把脸型再处理瘦一些，把下巴拉长一些，再让嘴角微笑一些，如图1-1-81所示。

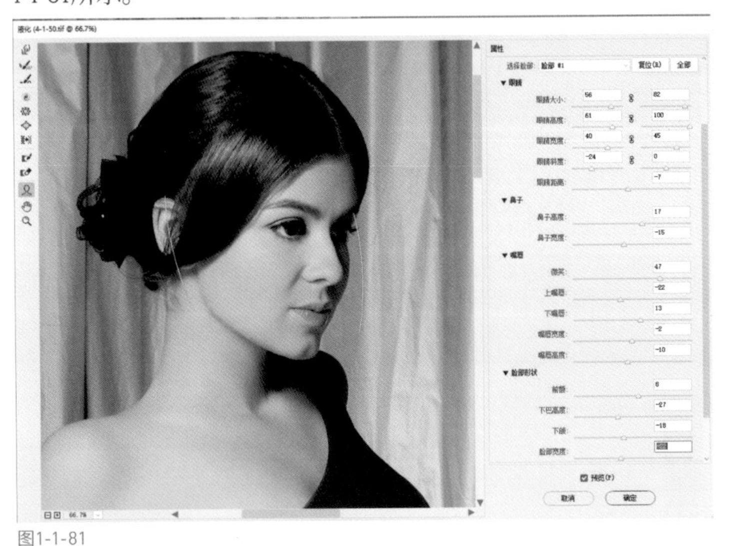
图1-1-81

31.所有修饰都结束了，最后再调整色彩，添加曲线调整层，直接进入蓝通道，将曲线中的底点直接上调，给暗部添加冷色，如图1-1-82所示。

32.再添加一个色相/饱和度调整层，对整个画面的色相及饱和度进行把控，如图1-1-83所示。

图1-1-82

图1-1-83

调整结束，看下最后的效果吧，如图1-1-84所示。

图1-1-84

此实例主要按照人像照片修饰的流程介绍，采取有始有终、有紧有松、有主有次的方式，将一张照片的修饰从头到尾进行详细介绍。着重介绍了形体液化的操作及推挤的方向，可以说在实例中又带大家复习了前面的基础操作，又学习了新的技能，希望有所帮助。

总结这一节的内容就是一句话：形体的修饰既要学会软件操作，又要懂得美学理论知识，两者结合，效果更佳！

1.2 基础抠图其实很简单

抠图应该是令很多从事后期工作的朋友们头疼的事情，大家都感觉抠图是一件难度系数很高的操作。有这样的想法可以理解，毕竟很多人还没有真正地学会后期处理技法。

抠图说简单就简单，说难也难，这主要是因为抠图的方式不同的要求造成的，针对不同的照片应采取不同的抠图方法，但是也并不是所有照片都可以进行抠图。选对了照片和方法，抠图就变得简单，相反就难上加难了。

进行抠图操作时首先要理智分析，确定抠图的目的并判断该照片适不适合抠图，切记不要盲目抠图。

图1-2-01

1.2.1 哪些照片需要抠图?

不是每张照片都需要抠图，也不是每张需要抠图的照片都可以进行抠图操作。一定要理智选择抠图的照片，不然就会给自己添加麻烦。在这里我给大家分享一下自己工作中的经验，希望能对大家有所帮助。

1. 什么样的照片需要扣图?

背景单调或者没背景的照片，在单一背景布或者背景纸前拍摄的照片，没有任何装饰性花纹及场景中拍摄的照片，如图1-2-01所示。

背景不符合创意需求，以及随意搭配背景没有满足设计要求或者创意目标需要的照片，如图1-2-02所示。

图1-2-02

为了创意合成而专门在纯色背景中拍摄的照片，专门以创意合成为目的而拍摄的纯白或者纯灰背景的照片，如图1-2-03所示。

图1-2-03

2. 什么样的照片可以抠图?

背景单一，人物外轮廓清晰可辨，头发整齐顺滑无碎发或头发被遮挡的照片，可抠图，如图1-2-04所示。

图1-2-04

浅色纯色背景，人物外轮廓清晰，头发散乱但与背景有较大反差的照片，可抠图，如图1-2-05所示。

图1-2-05

背景复杂但人物轮廓清晰，头发与背景反差强烈可抠图，如图1-2-06所示。

图1-2-06

外景背景，但景色不美或者不能表现当时的感觉，并且人物轮廓边缘清晰，可抠图，如图1-2-07所示。

图1-2-07

3. 什么样的照片不需要抠图？

外景照片，景色迷人，风光秀丽完全能衬托出人物的美感，不需要抠图，没必要抠图，如图1-2-08所示。

图1-2-08

如果室内照片，背景符合创意要求，就没必要抠图，如图1-2-09所示。

背景复杂、边缘不清晰且复杂，头发融入背景的照片，不必抠图，如图1-2-10所示。

图1-2-09

了解了什么样的照片需要抠图，什么样的照片可以抠图，什么样的照片不需要抠图以后，就该研究如何抠图了。

图1-2-10

1.2.2 通道与通道抠图

通道抠图是后期处理中比较常用的一种抠图方式，如果照片能满足通道抠图，那这张照片被抠出的效果肯定不错。本节将主要介绍通道是什么，通道与选区的关系。

1. 通道是什么

对于初学的朋友而言“通道”这个词汇有点陌生，陌生的不是没听过这个词，而是不了解其意思。通道到底是什么？这里将解开这个谜。

通道本身是承载色彩信息的载体，记录的是不同色彩模式下对应原色的色值。比如说在RGB色彩模式下，图像的通道共有四个，分别为RGB总通道、红通道、绿通道、蓝通道。每个通道都记录着所对应颜色的色彩色值，如图1-2-11所示。

图1-2-11

每个分通道所记录的色值高低不同，单个通道的图像就会出现明暗不同。色值越多，图像越亮，反之越暗。这些知识跟色彩原理部分相关联，在此不做详解，这里只研究通道与选区的关系。

从选区的角度来分析，我们可以把通道与选区画等号，因为通道就是选区，选区就是通道。这句话可以这样来理解：通道可以根据不同的明暗转换成不同的选区，选区也可以保存成通道，所以它们是对等的。不过仔细研究，就会发现通道与选区还有着很微妙的关系。

2. 通道与选区的关系

在通道中可以载入选区，选区也可以存为通道。两者有着密切的关系。可以用七个字来形容：“黑隐白显灰透明”。

“黑隐”意思就是在通道中，显示纯黑色的部分是不会有选区出现的，所以被称为“黑隐”。

“白显”意思就是在通道中白色显示的区域或者比较亮的区域是会显示出选区的，颜色越亮显示得就越明显。

“灰透明”的意思就是在通道中介于黑色和白色之间的颜色，形成选区的时候是以半透明形态出现的，也就是部分选区起作用。

这就是通道与选区的关系，如图4-2-12所示。

图1-2-12

3. 通道抠图

通道抠图就是借助能够调取通道的选区来选择图像，并抠出画面的操作过程，整个操作要明晰所需要抠图的部分，以及在通道中所对应的明暗关系。这里以实例演示的形式来进行解释，这样会比较直观。

先拿一个比较简单的图片做抠图演示，等对通道有了一定的了解后，再深入介绍复杂的抠图操作。找到一张花纹素材图片，要想通过通道的方式将花纹与背景分离开，通道就在整个过程中起到了决定性的作用，通道创造了选区。

1.启动PS软件，任何版本都可以对此图进行抠图，不需要最高版本。将需要抠图的图案图1-2-13拖曳到PS中打开。

图1-2-13

2.打开图案以后直接在浮动面板位置点开"通道"，进入通道面板。此时可以看到"通道"里有四个通道，一个总通道，三个分通道，而且每个通道中出现了图形，如图1-2-14所示。

3.我们只用分通道，不过具体用哪一个还需要检查一下。先点开红通道，可以看到红通道中的图像并不是很清楚，再看看下一个通道，如图1-2-15所示。

图1-2-14

图1-2-15

4.点开绿通道以后发现图像很清晰，对比也很强烈，如图1-2-16所示。此时判断可以用到这个通道，不过还是要看看下一个通道细节是否会更丰富一些。

5.打开蓝通道后发现画面还是比较灰的，层次不是很丰富，看来还是要选择绿通道好一些。这里并非故意增加步骤，而是讲解选择通道的目的，尽量仔细查看每个通道，争取选择一个对比强，层次细节多的通道，如图1-2-17所示。

图1-2-16

图1-2-17

6.再次选择绿通道，然后用鼠标拖曳绿通道到通道面板下方的新建按钮上复制通道，如图1-2-18所示。

7.复制后得到绿拷贝通道（有的版本叫绿副本通道）。接下来在图像菜单下的调整里打开曲线命令，利用曲线对拷贝通道中的图像做压暗处理，尽量让图像的颜色变得更重，对比更明显，如图1-2-19所示。

图1-2-18

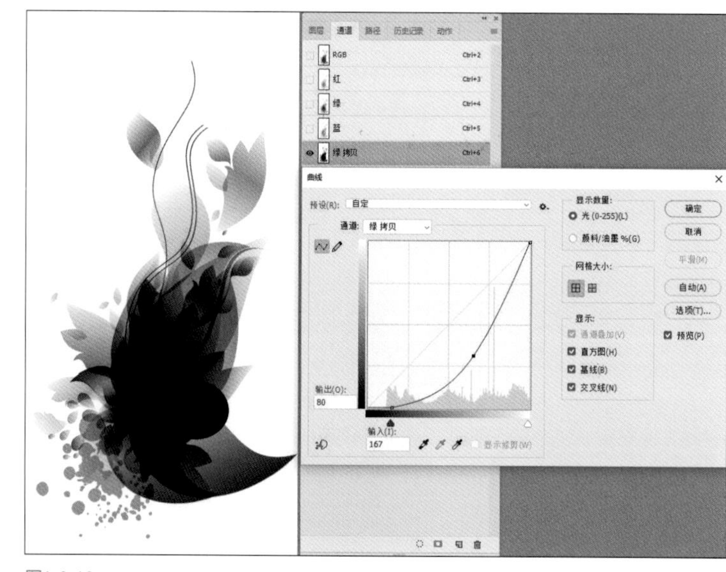

图1-2-19

8.由于在通道中生成选区的规律是：黑色无选区，白色有选区，灰色为半透明选区。那现在如果生成选区，并不是我们想要的图案的选区，而是背景的选区。必须要将图像的明暗反转一下才可以生成选区，在图像菜单下调整里单击反相，如图1-2-20所示，将图像黑白颠倒。

9.反相以后图像发生转变，白色背景为黑色，黑色图案为白色，这就可以调取选区了。按住Ctrl按键，用鼠标在副本通道中单击即可调出该通道的选区，如图1-2-21所示。

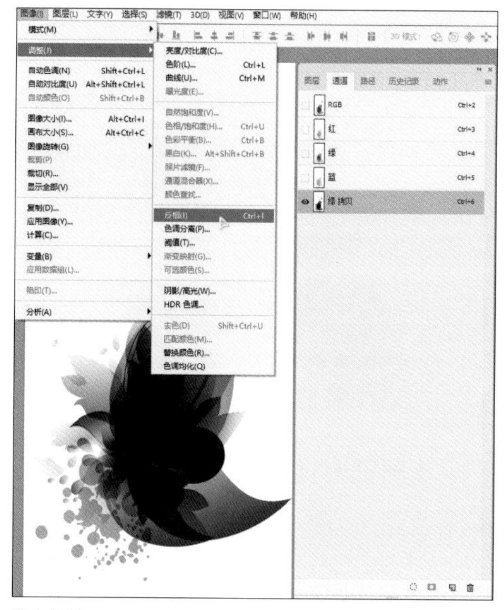

图1-2-20

图1-2-21

10.把选中的部分复制出来，单击总通道将显示图像返回到彩色状态，如图1-2-22所示。

11.再单击图层面板，回到图层，这时候调出的选区是一直存在的，直接使用Ctrl+J组合键就可以将选中的图案复制成一个新的图层（此时不用纠结图层名称是否与演示的一致，只要数量对即可），如图1-2-23所示。

图1-2-22

图1-2-23

12.为了验证抠图是否成功，可直接选中原来的图案图层。打开前景色拾色器，设置一个颜色，比如随意选择一个青色，如图1-2-24所示。

13.在编辑菜单下打开“填充”命令，设置填充内容为前景色，不透明度保持默认的100%，如图1-2-25所示。

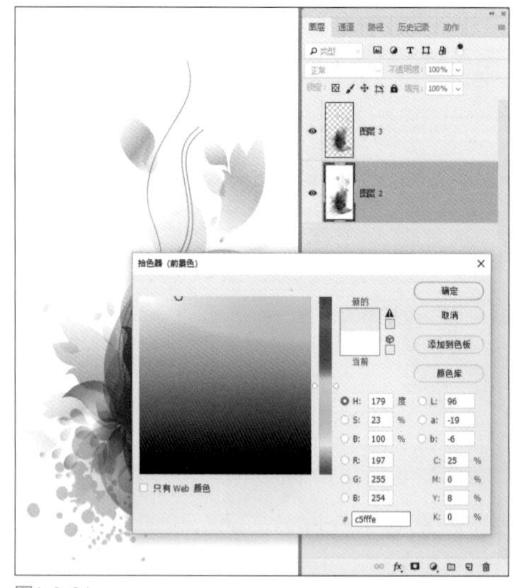

图1-2-24

图1-2-25

14.确定填充后可以看到抠图效果还是很成功的，图案完整地被抠取出来，连浅色的区域都没有丢失，如图1-2-26所示。

15.换个颜色进一步检测。可以直接打开图像菜单下调整里的“色相/饱和度”命令，直接改变色相即可。这里调整了一个黄色做背景，如图1-2-27所示。

图1-2-26

图1-2-27

16.再换一个浅紫色试试，依然改变色相即可，如图1-2-28所示。

17.最后换了三种颜色都完美无瑕疵，抠图就算大功告成了，如图1-2-29、图1-2-30、图1-2-31所示。

图1-2-28

图1-2-29

图1-2-30

图1-2-31

图1-2-32

前面的示例利用通道与选区的关系进行抠图，只要了解了通道，就可以操作。类似这种类型的图案或者照片都可以进行抠取，应多练习并熟悉通道及抠图的过程哦！

接下来演示一张人像照片的抠图过程，人像与图案的抠图步骤是不完全一样的。

1.将需要抠图的人像照片图1-2-32在PS软件中打开，这张照片中有个难抠的部分，那就是头发部分，这也是采用通道法抠图的原因。

2.直接在界面右侧的通道面板中选择蓝通道，因为三个通道经过对比只有蓝通道图像对比更强烈，如图1-2-33所示。

图1-2-33

3.复制蓝通道，生成蓝拷贝通道，如图1-2-34所示。记住这里最好是拖曳复制，不要点击右键复制。

图1-2-34

4.选定复制出的蓝拷贝通道，在图像菜单下的调整里打开“曲线”命令，对通道内的图像做压暗处理，要注意观察头发的部分，细节不能丢失太多，如图1-2-35所示。

5.按住键盘中Ctrl键中同时单击蓝拷贝通道，这样可以调出该通道的选区，如图1-2-36所示。

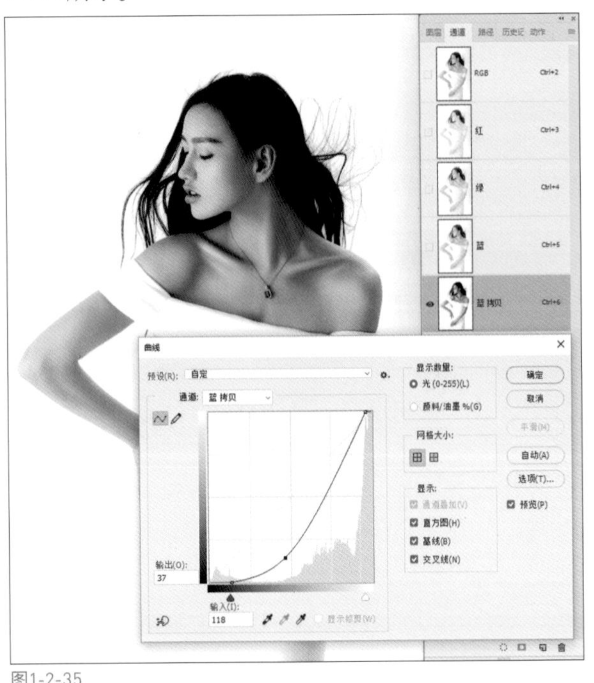

图1-2-35

图1-2-36

6.根据通道与选区的关系可知，此时调出的选区仅仅是背景的选区，不是我们想要的人物选区，在选择菜单下选择“反选”命令，将选区反过来，如图1-2-37所示。

7.点选RGB总通道，将图像恢复到彩色状态，记住此时选区是不能取消的，要保持选区存在的状态，如图1-2-38所示。

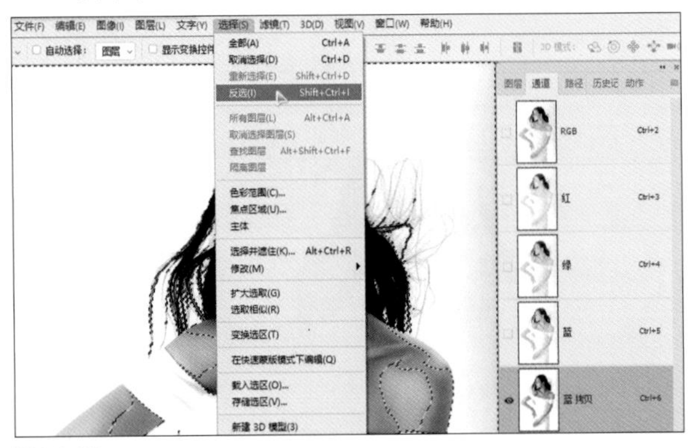

图1-2-37

图1-2-38

8.回到图层面板，直接利用调出的选区对原始图层进行复制，直接按Ctrl+J组合键即可，此时多出一个图层1，这就是抠出的人像，如图1-2-39所示。

9.由于选区并非完全选择，所以复制出来的人物是半透明的，不能直接应用。这时就得借助原始图层，双击原始背景图层将其解锁，如图1-2-40所示。

10.解锁后调换两个图层的上下顺序，只需使用鼠标拖曳即可，如图1-2-41所示。

图1-2-39

图1-2-40

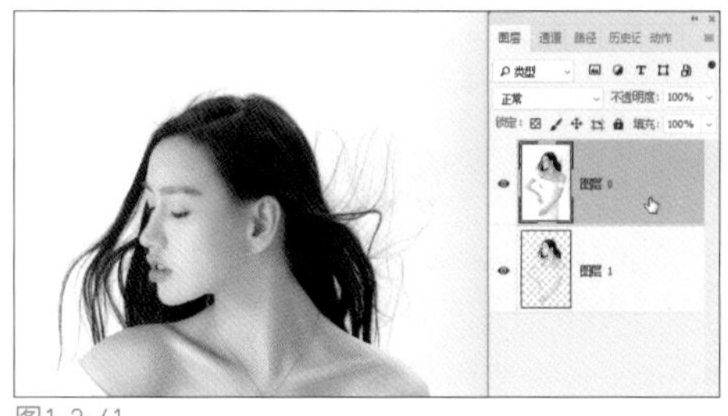
图1-2-41

11.为了检测抠图结果，需在人物层下面增加一个背景图案层，其实也就是简单地更换照片的背景。打开背景素材，如图1-2-42所示，这是一张室内的背景，而且是个浅色的背景，这种抠图方法只适合浅色的背景素材。

图1-2-42

12.将打开的素材图片拖曳到人物照片中，先将第一个人物层左侧的“眼睛”关闭，然后利用自由变换调整好背景素材的大小，并且素材背景图层必须要放在最下层，如图1-2-43所示。

13.显示出第一个人物图层，利用钢笔工具沿着人物的轮廓绘制路径，头发部分可以甩开绕过，其余部分必须严格沿着人物外边缘操作，如图1-2-44所示。

图1-2-43

图1-2-44

14.路径是不能直接当选区的，必须要转换为选区才可以使用，使用Ctrl+Enter组合键即可将路径转换为选区，如图1-2-45所示。

15.选区转好后，直接选定第一个人物图层，利用选区给此图层添加蒙版，如图1-2-46所示。

图1-2-45

图1-2-46

16.在工具中栏选择画笔工具，将不透明度设置为最高，将前景色设置为黑色后，就可以在图像中将头发外轮廓的白色底色擦除，如图1-2-47所示。

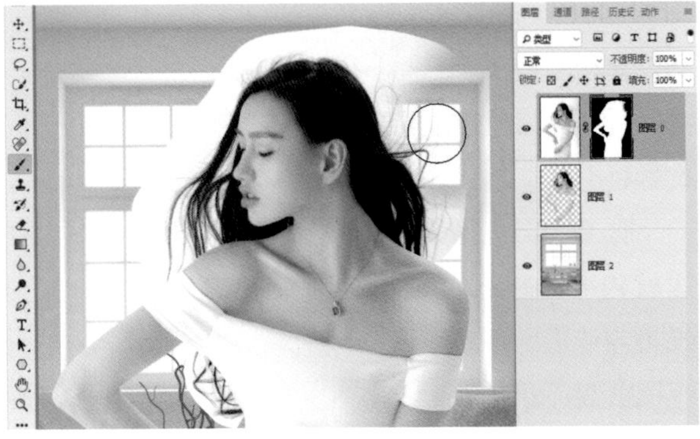
图1-2-47

17.涂抹的时候只涂抹头发边缘部分的白背景即可，其余部分不需要涂抹，如图1-2-48所示。

18.在最上层添加曲线调整层，适当对整个画面的色彩进行调整，这里调整得偏了点暖色，如图1-2-49所示。

图1-2-48

图1-2-49

19.此时感觉还不满意，可以继续利用调色命令调整，再加一个“色相/饱和度”命令，针对色相和饱和度做微调，如图1-2-50所示。

20.色彩调整得差不多了，抠图也就结束了，可以看到发丝都被完美保留了，如图1-2-51所示。

图1-2-50

这样类型的人像图片要注意保留发丝，还要注意更换背景的颜色不能太重，最好用浅色。

有关通道选择的介绍到这里就告一段落了，只要弄懂了通道与选区的关系，利用通道抠图就简单许多了。

图1-2-51

1.2.3 色彩范围选择技巧

色彩范围也是常用的一种选择方式，但是很多初学者都不使用这种方式，因为他们对色彩范围不是很熟悉。其实熟悉了色彩范围后，可以用它来抠一些单色背景或者同色内容，它可以将细节选择得非常到位，比如树叶的缝隙或者大面积的树叶。

想用好色彩范围首先得了解色彩范围的操作及色彩范围命令中的各项设定，其实色彩范围中的选择原理与通道选择原理非常相似。

1. 认识色彩范围

色彩范围命令位于选择菜单下，是一个高级选择命令。当需要选择的图形非常复杂时就可以使用色彩范围命令。打开一张照片，在选择菜单下打开“色彩范围”面板，如图1-2-52所示。

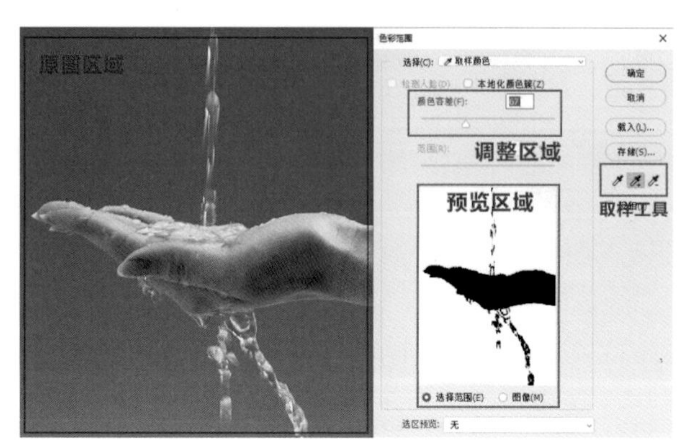

图1-2-52

面板中的黑白显示区域（预览区域）就是用来预览或者操作的区域，也是从此处的图像来分辨选区选取是否合适。调整区域是针对画面中颜色的容差值来调整的，通过控制滑块改变预览区域视图的明暗变化。容差值越高，说明黑白反差越大，选取选区也越精确。右侧的取样工具是用来对所选色彩进行吸取定位的，三个工具分别为取样、加选取样、减选取样。

2. 色彩范围与选区的关系

色彩范围中预览区域的黑白图像是建立选区的关键，通过观察这里的图像变化来分析得到选区的效果。

在预览区域的黑白图像中所显示的白色区域就是存在选区的部分，黑色部分就是没有选区的部分，如果存在半透明区域，那就是部分选区（半透明选区），如图1-2-53所示。

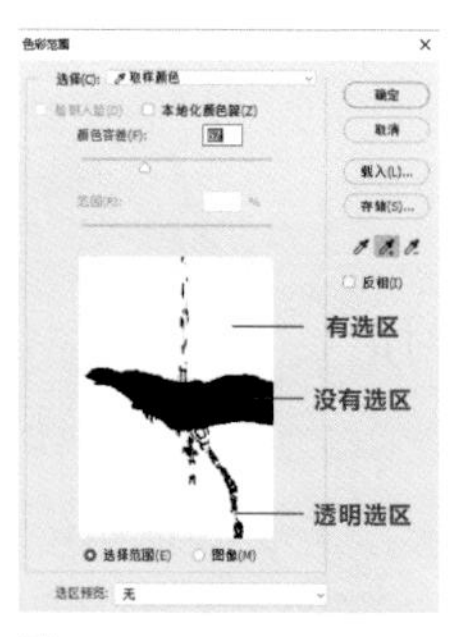

图1-2-53

3. 用色彩范围建立选区

用色彩范围建立选区的操作其实并没有想象中那么难，只要理解了前面所说的选区关系，就能轻松地建立好选区，下面通过一个简单的书法文字的选择演示如何通过色彩范围建立选区。

1.找到一张书法图片，笔者是从百度搜索了一张泛黄的《兰亭序集》节选照片，这样的底色很难被用到照片合成中，所以必须要进行选择，将字的部分全部选择出来，如图1-2-54所示。

2.想要把文字抠出来，就要先将照片转换成黑白效果，在图像菜单下的调整里打开黑白命令，如图1-2-55所示。

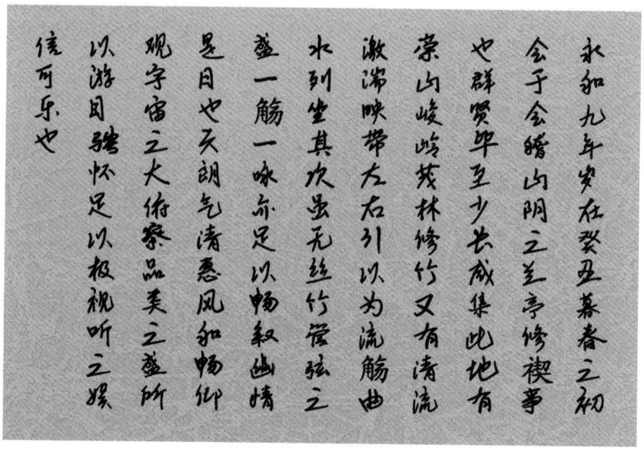

图1-2-54

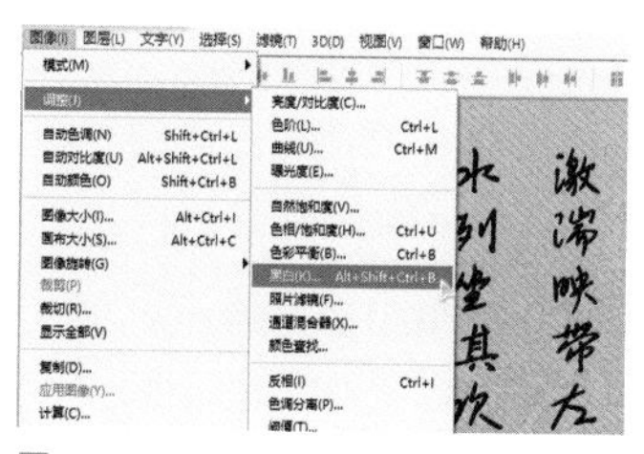

图1-2-55

3.打开“黑白”命令后，照片就会自动变成黑白效果，但是底色的黄色并没有成为想要的白色，这时候只需将黑白命令中的黄色滑块设置为最大值即可，如图1-2-56所示。

4.这时候书法照片中的底色就成了白色，文字为黑色。再选择“选择”菜单下的色彩范围命令，如图1-2-57所示。

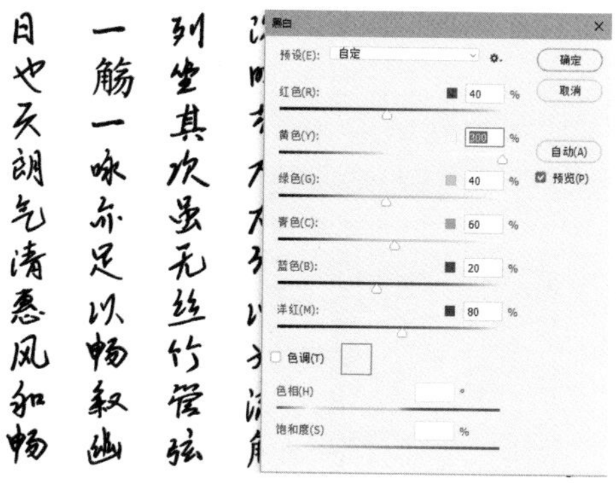

图1-2-56

图1-2-57

5.在色彩范围面板中，先利用吸管工具在画面中白色底色处吸取一下，可以看到在对话框中的显示图里，文字与背景已经清晰分开了，如图1-2-58所示。

6.如果想更精确地选择文字，还可以增强颜色容差值，向右调整滑块，但是要观察文字细节的变化，如图1-2-59所示。

7.确定色彩范围后出现白色的背景选区，记住现在选择的选区是背景，不是文字，如图1-2-60所示。

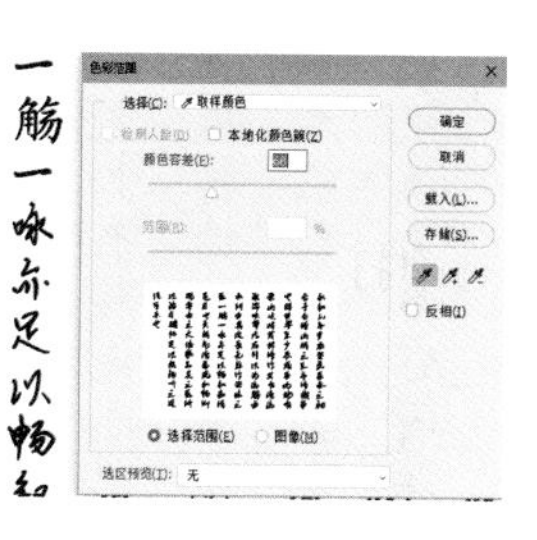

图1-2-58

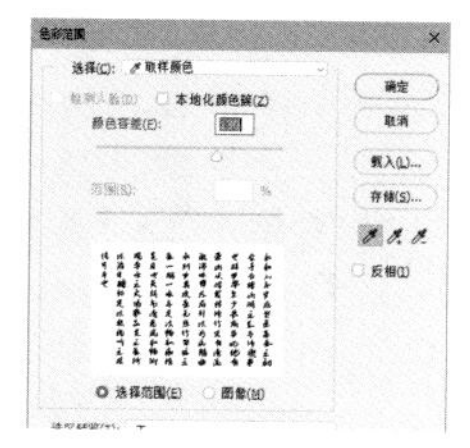

图1-2-59

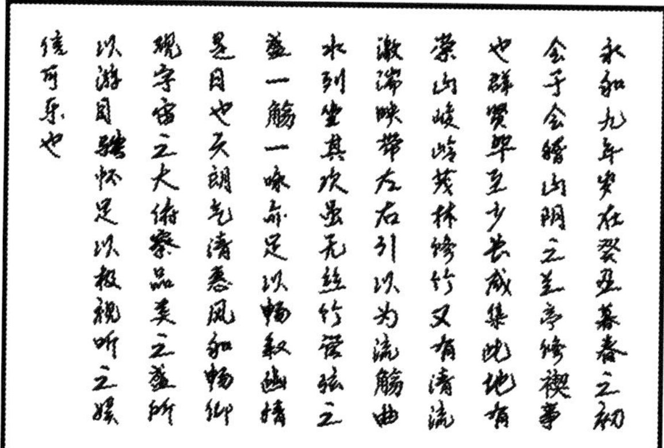

图1-2-60

8.在选择菜单下点一下“反选”命令，将选区反选才能选中文字，如图1-2-61所示。

9.选中文字后，创建一个新图层，如图1-2-62所示。

10.在编辑菜单下打开“填充”对话框，在填充内容中选择黑色，不透明度保持100%，如图1-2-63所示。

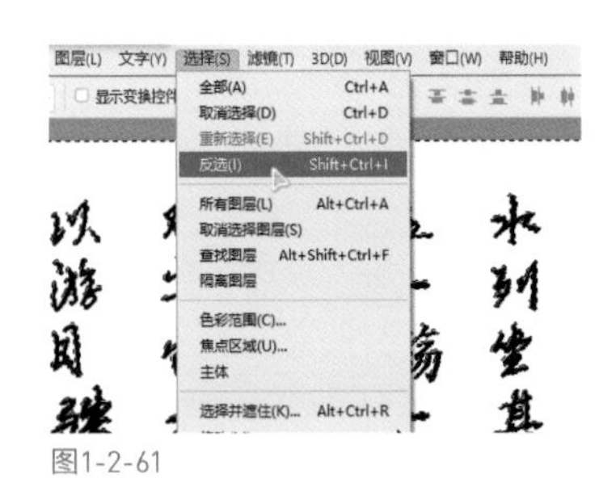

图1-2-61

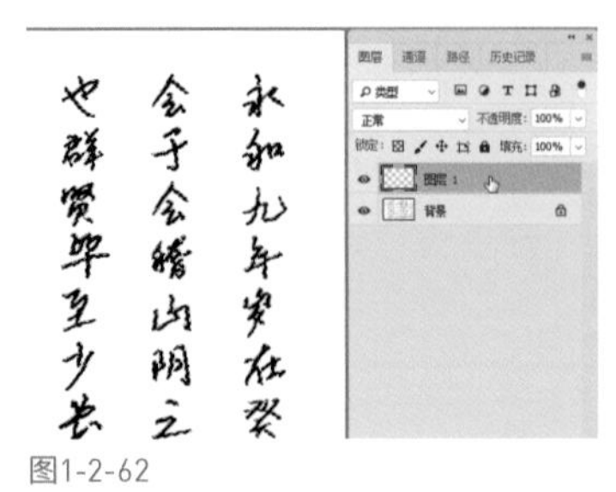

图1-2-62

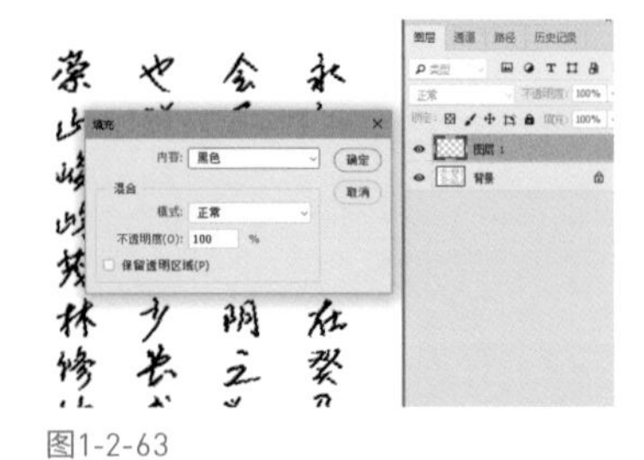

图1-2-63

11.将颜色填充完以后，就出现了一个单独的文字图层，这时候就可以在选择菜单下使用“取消选择”取消选区了，如图1-2-64所示。

12.其实这时下方的背景层就没什么用处了，可以在背景层上单击右键选择“删除图层”命令，将其删除，如图1-2-65所示。

删除背景层，文字就以一种独特的透明背景图层的形式出现了，文字此时已经算是抠图完毕，如图1-2-66所示。

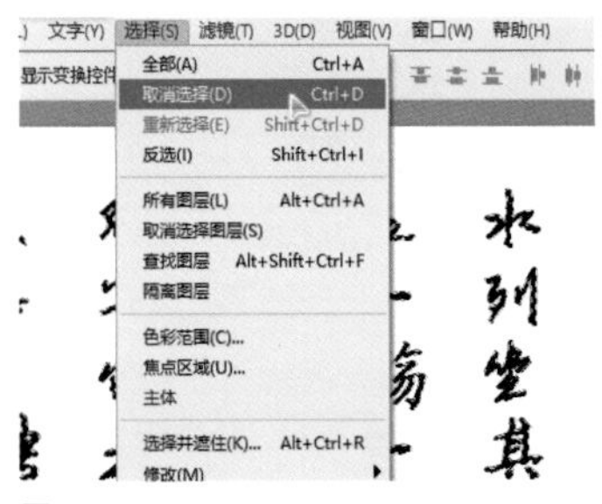

图1-2-64

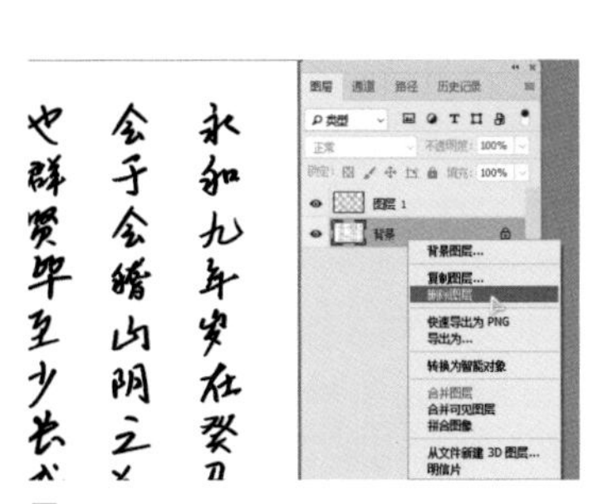

图1-2-65

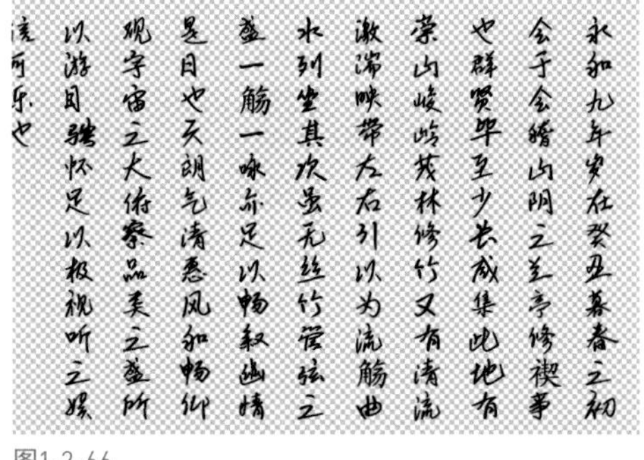

图1-2-66

13.为了方便今后的使用，可以将抠完的文字保存为PNG格式。在文件菜单下打开“存储为”命令，在存储类型里选择PNG格式，如图1-2-67所示。

14.存储的PNG格式的照片文件小，清晰度够高，不影响以后的使用，而且可以在打开后直接使用，不用再抠图，如图1-2-68所示。

图1-2-67

图1-2-68

15. 这就是利用色彩范围对这种书法文字或者图案等类似的图形进行抠图的演示，不要纠结抠取内容，只要明白这个图是怎么抠取出来的，色彩范围在其中起到了什么作用，是如何操作的即可。

接下来再找一张风光照片做演示操作，借助色彩范围强大的选择功能将照片中的细节之处选择出来。再结合调色命令对风光照片的色彩进行适当调整，充分让读者了解并掌握色彩范围与其他命令的完美结合。

1. 打开一张风光照片1-2-69，首先需要通过色彩范围将天空的部分选择出来，并进行调整色彩，整体选择是无法选择到位的，尤其是树枝间的缝隙是很难被选择出来的。

图1-2-69

2. 打开照片后直接在选择菜单下打开“色彩范围”命令，利用加选吸管在小图中的天空部分点击加选，再适当调整一下颜色容差的滑块，尽量让想选择的天空与不想选择的其他部分以黑白对比的形式存在，如图1-2-70所示。

3. 确定后就可以得到天空部分的选区了，此时可以将图像放大检查，看看树枝缝隙是否被选择出来了。这时候很有可能建筑墙上也会有星点的选区存在，记得用套索工具减掉选区（按住Alt键），将选区调整到精确，如图1-2-71所示。

图1-2-70

图1-2-71

4.选区选择好了，就要应用选区，由于照片中天空部分存在很多噪点，是不能直接进行调整的，那么就只有一个解决办法，就是填充蓝色代替天空色彩。新建图层，将前景色设置为天蓝色，如图1-2-72所示。

5.选择编辑菜单下的"填充"命令，在打开的"填充"命令从填充内容处选择前景色，不透明度保持100%，确定填充，如图1-2-73所示。

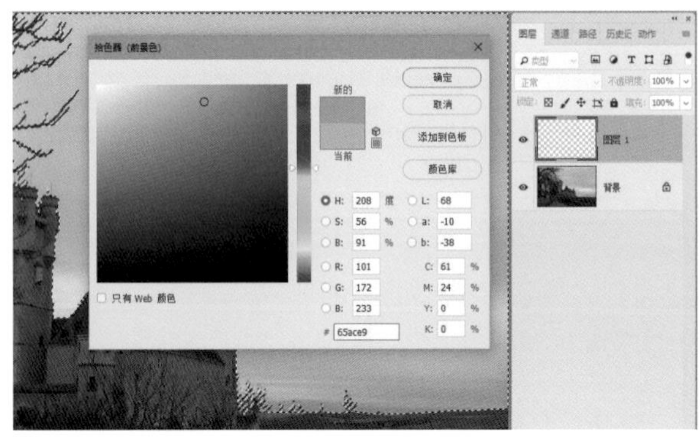
图1-2-72

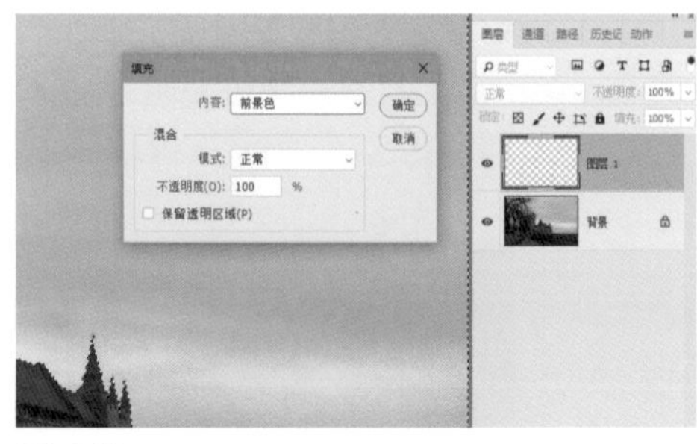
图1-2-73

6.填充好颜色后可以看到天空不再是灰白色的，已经有了色彩，不过此时色彩有点过重，可以将该图层的不透明度减少一些，大概降到50%即可，如图1-2-74所示。

图1-2-74

图1-2-75

7.为了方便后面的调整，可以合并两个图层，在上面图层中点击右键，选择"向下合并"或"拼合图像"，如图1-2-75所示。

8.合并后成为一个图层就可以直接使用滤镜操作了，在滤镜菜单下打开"Camera Raw滤镜"，如图1-2-76所示。

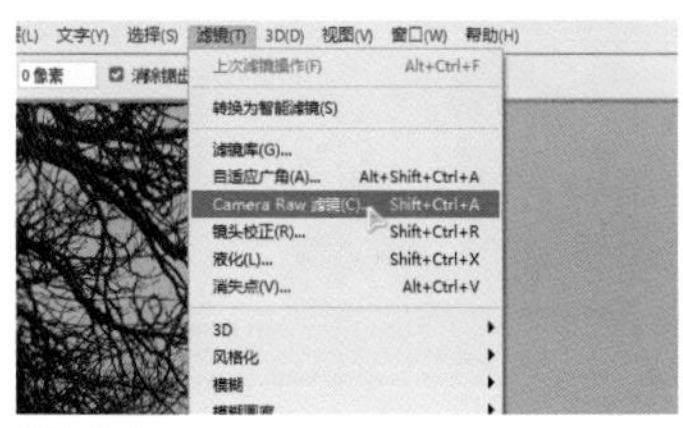
图1-2-76

9.在ACR里可以处理照片的明暗细节，将最暗的部分细节调整清晰，并将对比减弱一些，具体调整参数如图1-2-77所示。

图1-2-77

10.添加一个可选颜色调整层，对照片中的各个色彩做更细致的调整，首先选择青色调整，目的是让天空的色彩看上去更真实，具体调整参数如图1-2-78所示。

图1-2-78

图1-2-79

图1-2-80

图1-2-81

11.然后选择蓝色进行调整，目的依然是调整天空色彩，具体调整请参考图1-2-79所示。画面中除了青色、蓝色外还有红色、黄色需要调整，这两种色彩的调整是为了让建筑物的色彩更能融合到整体中，具体调整参数如图1-2-80、图1-2-81所示。

12.然后简单处理照片的层次，不然照片看上去还是有点平淡。进入快速蒙版，利用画笔工具对建筑物以及四周部分进行涂抹，注意涂抹的过渡性，如图1-2-82所示。

图1-2-82

图1-2-83

13.涂抹完毕退出快速蒙版得到选区，接着给选中部分添加曲线调整层，记住这时候最好是利用图层面板下方的调整层，便于以后修改，如图1-2-83所示。

图1-2-84

14.在曲线调整层中主要做了明度提升及对比的加强，让建筑物部分相比其他的区域显得更突出一些，如图1-2-84所示。

15. 对曲线的蓝色通道也做了轻微调整，减少了蓝色，目的是为了让照片整体上接近暖色调，如图1-2-85所示。

16. 最后添加“色相/饱和度”调整层，将照片的色相稍作校正，适当提高饱和度，如图1-2-86所示。

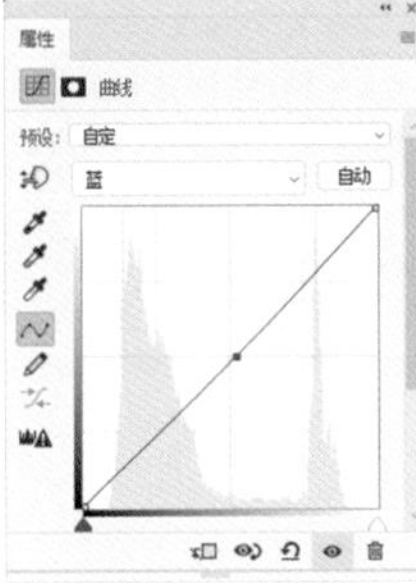

图1-2-85

图1-2-86

17. 最终效果出来了，如图1-2-87所示。看上去是不是漂亮了？

图1-2-87

这张风光照片的处理是将色彩范围与调色命令完美结合才完成的，效果还是比较不错的。虽然这部分主讲色彩范围命令，但在实例操作中依然要结合其他功能共同处理，一张漂亮的图像处理并不是通过一个单独的工具或命令完成的，靠的是各工具和命令协同作战。

本节主要介绍的是选择，以通道选择和色彩范围选择为主线，利用实例的演示详细介绍两者的选择技巧。选区是基本的选择功能，以后用到选区的时候非常多，不要小看这些选区，当真正需要的时候就会知道它的重要性了。

1.3 风光大片必经之路

风光摄影后期是照片后期处理中很重要的部分，后期所做的调整也很多。大多数风光照片都会做后期处理，哪怕是简单调整构图或者明暗。不过不是每个人的拍摄技术都那么优秀，或者可以说再优秀的摄影师也会拍出有问题的照片。假如拍摄的风光照片真的存在问题，那接下来的内容就是必须的。

这一节主要介绍和演示风光照片中的一些深入处理技法，帮你了解风光大片是怎样诞生的。

1.3.1 风光照片中天空问题的处理

天空效果不佳应该是风光照片中比较常见的问题，拍摄时经常会遇到不好的天气或者光线，导致拍摄出来的天空效果欠佳，要么灰白一片，要么平淡无奇。不过也不必太过失望，拯救这些天空的“英雄”来了，从天空部分的形状或显示细节上可以进行不同方式的处理，笔者总结出了三种处理天空的方法，每一种方法针对不同的天空。

处理天空问题的三种方法

(1) 调整法

如果照片里的天空中可以看到隐约的颜色或者云层，那么是可以将天空细节调整回来的。对天空进行选择，然后增强其细节即可，如图1-3-01所示。

图1-3-01

下面演示这种调整天空的方法步骤和操作细节。

1. 将需要调整的照片图1-3-02在PS软件中打开。

图1-3-02

2.这样的天空不是很好选择，需要利用色彩范围选择。在选择菜单下打开色彩范围命令，利用吸管吸取天空部分，必要时可以使用加选吸管加选，再调整好颜色容差值，保证天空与其他部分为黑白对比即可，如图1-3-03所示。

3.这样选择的选区比较细致，如果出现少选或者多选的部分，利用套索工具进行加选或者减选即可，最后得到的选区就只有天空部分，如图1-3-04所示。

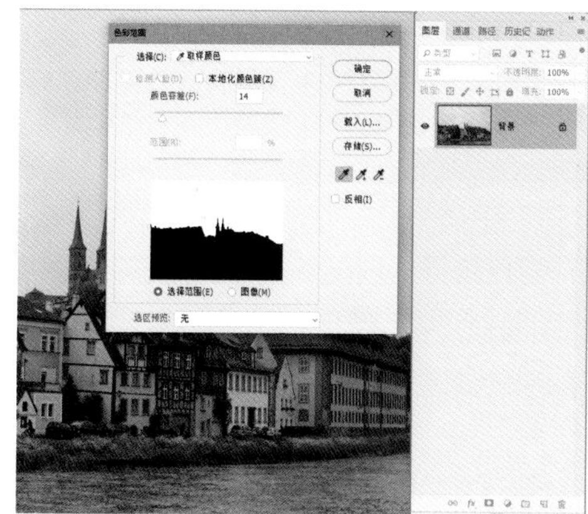

图1-3-03

图1-3-04

4.直接对选区部分添加曲线调整层，对曲线里的总通道进行压暗处理，不过千万不能一次性压得太过分，要注意观察天空不要出现断层，如图1-3-05所示。

5.接着在曲线调整层中选择“红通道”，进入后直接向下拖曳曲线，减掉红色，增加青色，也就是增加天空的颜色，如图1-3-06所示。

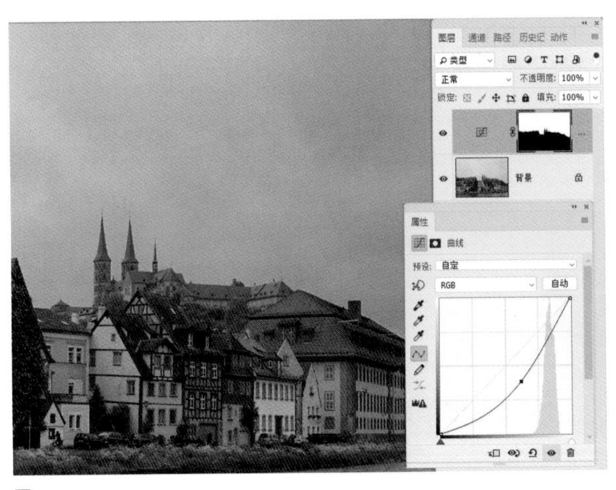

图1-3-05

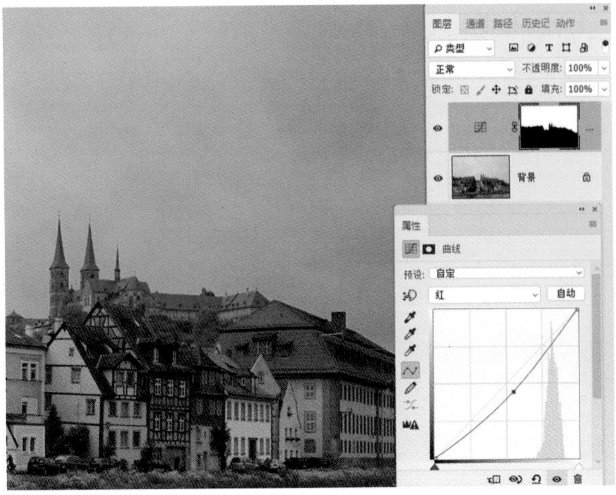

图1-3-06

6.只减少红色得到的只有青色，这也不是天空的颜色，还需要进入蓝通道提升蓝色，青色结合蓝色就得到了天空的色彩，如图1-3-07所示。

7.这个曲线的调整很容易调整过度，一心想着调出天空的色彩，却往往忽略了天空与其他部分交界处的痕迹。如果出现了明显的痕迹，可以减少本调整图层的不透明度，降低痕迹的显示，如图1-3-08所示。

图1-3-07

图1-3-08

8.接下来，进一步调整照片的色彩。添加可选颜色调整层，先选择青色进行处理，主要做增加青色和压暗（加黑）处理，让天空的层次显示得更多一些，如图1-3-09所示。

9.蓝色也是必须要调整的，选择蓝色后对蓝色进行加青、减黄、加黑的处理，其目的依然是让天空色彩变得更浓厚，更有层次感，如图1-3-10所示。

图1-3-09

图1-3-10

10.天空中隐约可以看到部分的白云，因此可以对白色进行一些调整，选择白色并增加青色、洋红、蓝色提亮，这样处理的目的是让白色看上去没有那么平淡，如图1-3-11所示。

图1-3-11

11.天空调整得差不多了，其他部分的颜色也需要处理，不然整个画面会显得不协调。选择红色，减少青色、增加洋红、减少黄色并进行压暗操作，这样是为了让建筑物中的红色变得更厚重，如图1-3-12所示。

图1-3-12

12. 还有一些房子的墙壁是黄色的，所以黄色也需要加强。选择黄色后进行增加青色、增加洋红、增加黄色、增加黑色的处理，让黄色看上去更浓厚，如图1-3-13所示。

图1-3-13

图1-3-14

13. 色彩调整得差不多了，要对层次和对比做强化处理。先盖印图层，然后对盖印生成的图层进行滤镜下的ACR处理，如图1-3-14所示。

14. 在ACR里主要是将画面的层次感提出来，具体参数可参考图1-3-15所示。

图1-3-15

15. 经过ACR处理以后，画面的细节和层次都展现出来了，但还是感觉缺少些反差。直接打开快速蒙板，设置好画笔，涂抹画面中的建筑物部分，如图1-3-16所示。

图1-3-16

16.涂抹完毕退出快速蒙版得到选区，然后给选区添加曲线调整层，如图1-3-17所示。

图1-3-17

17.在曲线中提亮选中的部分，并增加对比度的调整，让中间的建筑变得更清晰一些，如图1-3-18所示。

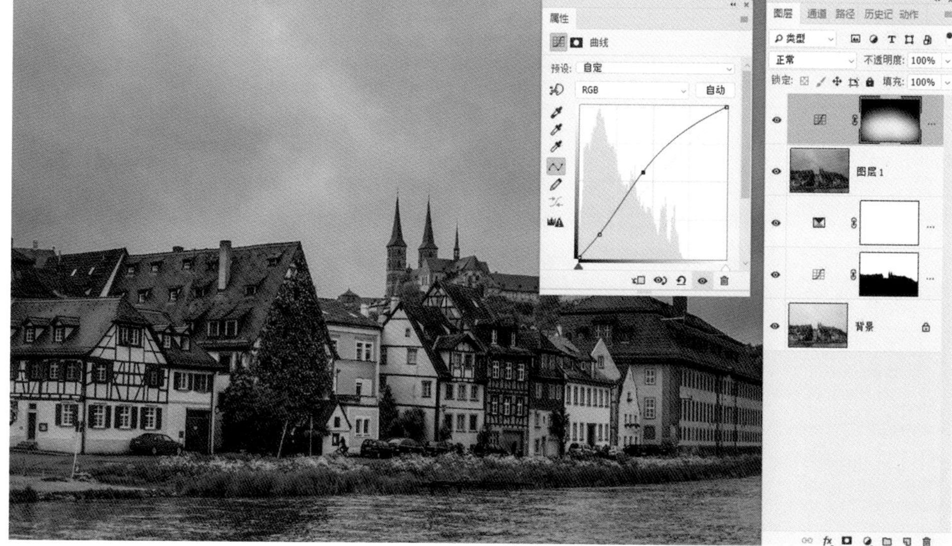

图1-3-18

图1-3-19

18.接着再次进入快速蒙版，涂抹四周部分，下面水面的部分可以多涂抹几次，如图1-3-19所示。

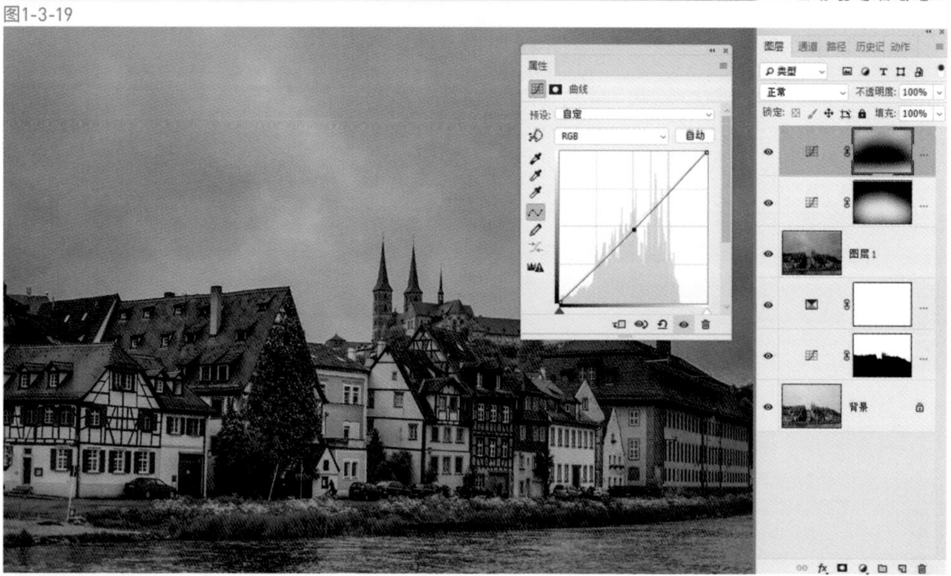

图1-3-20

19.退出快速蒙版得到选区后添加曲线调整层，做轻微的下压处理，让四周变得稍暗一些，这也是为了衬托中间部分，如图1-3-20所示。

图1-3-21

20.为整体添加一个曲线调整层，将亮部稍微压暗，暗部稍微提亮，如图1-3-21所示。

21.最后添加“色相/饱和度”调整层，提升一些饱和度，让整个画面变得鲜艳一些，如图1-3-22所示。

图1-3-22

22.经过细致的处理，照片天空部分的颜色和细节都表现得很丰富，整个画面的色彩也靓丽起来了，调整结束，效果如图1-3-23所示。

图1-3-23

这种调整天空的方法的好处是没有改变画面的原始内容，只通过选区结合调色命令来调整，既保持了原图的内容又强化了画面的视觉感。唯一的缺陷是对照片的要求较高，必须是天空中能看清一些内容的照片才可以这样调整，纯白天空是无法采取这样的方式处理的。

(2)渐变法

渐变法可用于风光照片中天空与地面交界线比较整齐明显的图像，由于交界线规则明显，渐变时容易使过渡均匀，融合性比较强。此种方法主要应用蒙版结合渐变的形式，而且渐变最好使用黑色到透明的线性渐变。

此种方法因为简单易操作，并且制作后的效果逼真无痕迹，被广泛使用，如图1-3-24所示。

图1-3-24

接下来通过实例演示为大家详细介绍这种方式的处理过程，整个过程中需要注意的就是渐变的使用，注意渐变的属性设置及渐变方向的拖曳。

1.打开原图1-3-25，明显看到天空与地面的交界线是很清晰的，而且比较有规则，天空一片空白，没有任何细节和颜色。

2.由于原照片中天空部分显得空间小，先通过二次构图做加法构图，加大天空部分。将背景色设置为白色，然后利用工具栏中的裁切工具裁切，将上边缘拉高一部分，具体拉高程度由自己确定，如图1-3-26所示，拖曳到合适位置以后直接双击鼠标左键确定。

图1-3-25

图1-3-26

3.天空空间调整好以后就可以找一张白云蓝天的素材了，将找到的素材图1-3-27打开。

图1-3-27

4.打开后利用移动工具将天空素材拖进需要添加天空的照片，如果素材照片大小不合适，可在编辑菜单下打开自由变换命令，对素材进行缩放，让宽度适合原照片宽度即可，高度保持比例缩放，要超过地平线一部分，留有可过渡区域，如图1-3-28所示。

图1-3-28

5.将天空素材图片缩放好以后，添加图层蒙版，如图1-3-29所示。

图1-3-29

6.在工具栏中选择渐变工具，从属性栏中打开渐变编辑器，选择第二个前景色到透明的渐变，将前景色设置为黑色，最终用到的是黑色到透明渐变，如图1-3-30所示。

7.选择线性渐变，按住Shift键从素材底边缘向上垂直拖曳鼠标，大概接近顶边时松开鼠标左键，此时一定要在蒙版被选中的情况下操作，如图1-3-31所示。

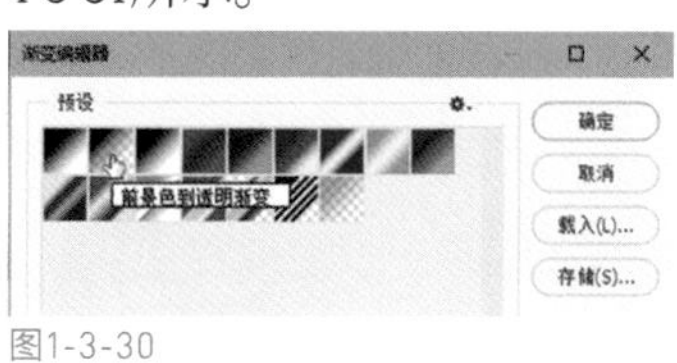

图1-3-30

图1-3-31

8.做好渐变以后可以在蒙版中看到从下到上是从黑到白的渐变，此时天空素材图片就会与原图无缝融合，如图1-3-32所示。

9.融合好以后，再多调整几步，让照片看上去更舒服一些。进入快速蒙版，设置好画笔工具后，涂抹下面羊群的中间部分，目的是选中一部分羊群进行明暗调整，如图1-3-33所示。

图1-3-32

图1-3-33

10. 涂抹完毕后退出快速蒙版（按Q键）得到选区，在图层面板下方的调整层按钮中给选区部分添加曲线调整层，如图1-3-34所示。

11. 在曲线中对选中部分做提亮调整，将暗部稍微压暗一点点，如图1-3-35所示。

图1-3-34

12. 红色通道也可以适当调整，让照片色彩看上去更好看一些，如图1-3-36所示。

13. 蓝色通道也适当降低一些，让照片偏暖色，显得更亲近，如图1-3-37所示。

图1-3-35

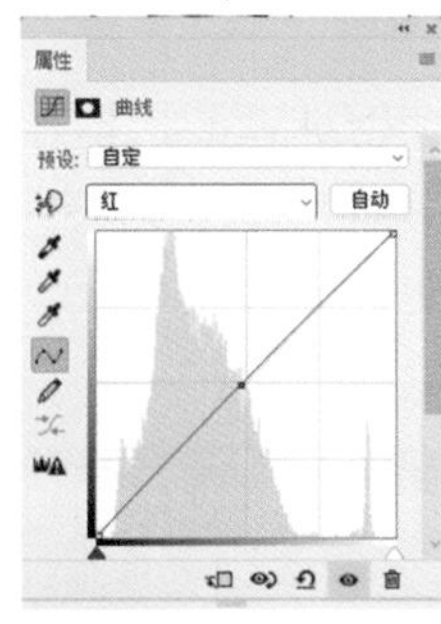

图1-3-36

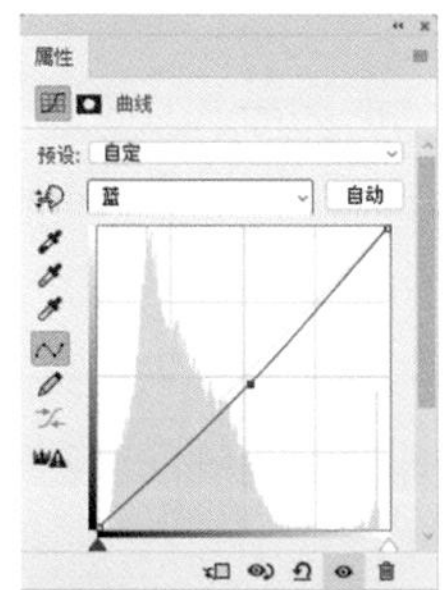

图1-3-37

14. 天空也用快速蒙版涂抹一部分，变成选区后添加曲线调整层，如图1-3-38所示。

15. 在曲线中做压暗明度的调整，在红通道中减少红色，加点时尚的青色感，绿通道中减少绿色使照片看上去更接近傍晚的感觉，如图1-3-39、图1-3-40、图1-3-41所示。

图1-3-38

图1-3-39

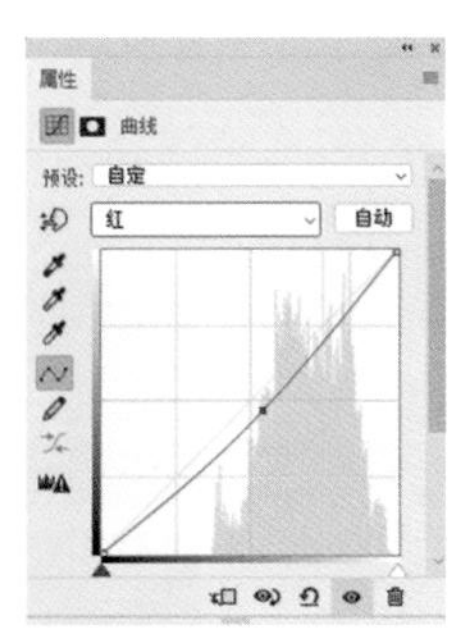

图1-3-40

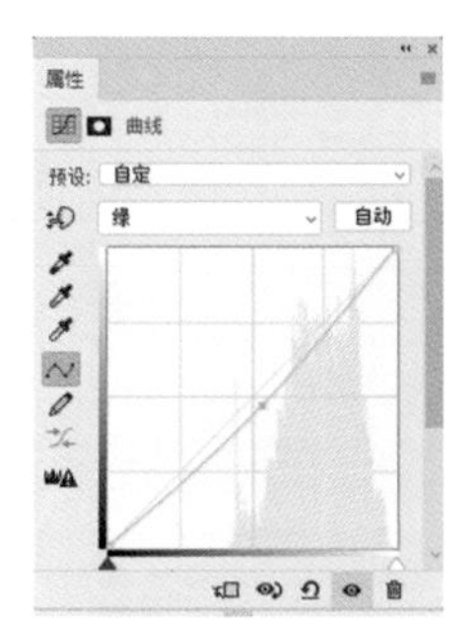

图1-3-41

图1-3-42

16.接着整体添加一个曲线调整层，对整体的颜色做调控，将整体适当提亮。绿通道中适当减少亮部的绿色，蓝通道中适当增加顶点和底点的反差，冷暖效果由自己掌握，如图1-3-42、图1-3-43、图1-3-44所示。

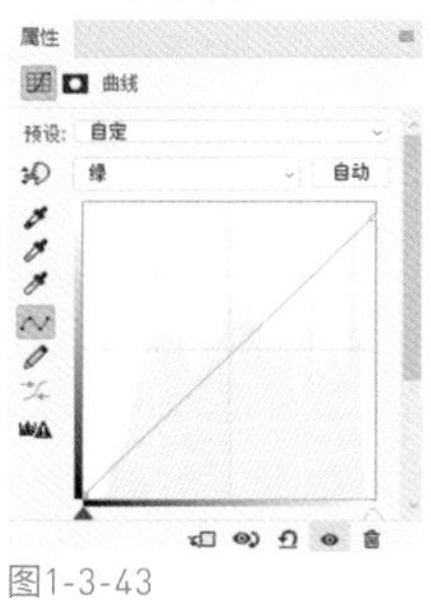

图1-3-43

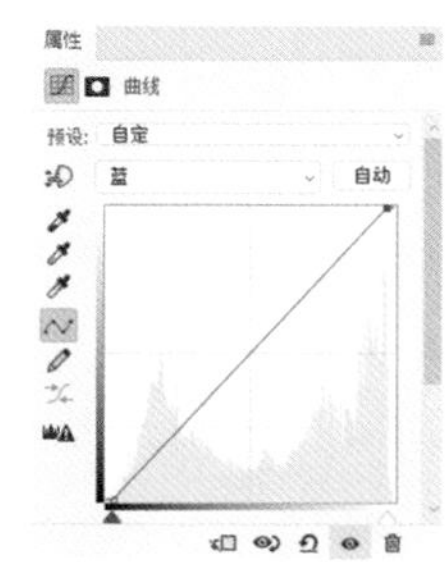

图1-3-44

17.层次丰富的天空的确好看很多了，如图1-3-45所示。

图1-3-45

前面介绍的就是天空处理中的渐变法，类似这样的照片很多，只要按照这个思路处理就不会有很大的偏差，记住渐变的设置和与蒙版要结合使用。

(3)置换法

置换法主要针对的是天空与地面交界线不规则，选择区域不好建立的照片，比如画面中存在参差不齐的建筑物或者枝丫错落的树木。这样的照片更换天空的难度有点大，当然这是针对基础不太扎实的朋友而言的，对于高手而言那肯定是没有难度的。难点就是如何将天空选出来，在前面也介绍过通过色彩范围选择天空，如图1-3-46所示的照片就比较适合使用这个方式。

图1-3-46

再者就是这张照片中的水里也需要加入天空的倒影。因此需要对这张照片添加两次天空，倒影使用自由变换里面的垂直翻转就可以。具体操作请看以下演示，注意观察步骤中的一些细节。

1.将照片1-3-47打开，其实这张照片中天空部分有些少，需要增加天空区域范围。

图1-3-47

2.在工具栏中选择裁切工具，利用裁切在天空上面拉出一部分空间，如图1-3-48所示。

3.为了置换天空的时候不留痕迹，原有的白色天空要铺满画面。使用矩形选框工具，此时选框工具的属性栏里羽化必须设置为0像素，不能有任何数值。将原有的天空选好，注意要选择到两侧最边缘，不能选到建筑，如图1-3-49所示。

图1-3-48

图1-3-49

4.选择好选区以后在编辑菜单下打开自由变换命令，利用自由变换上拉天空部分，直到能够铺满画面，如图1-3-50所示。

5.接下来准备用色彩范围选择天空部分，但是为了能够更准确地选择天空而不选择到别的区域，最好先用套索工具沿着天空圈一下，让所有天空部分被圈住，并尽量少圈选其他部分，如图1-3-51所示。

图1-3-50

图1-3-51

6.在这个选区范围内再执行色彩范围选择就可以准确选择天空了，在选择菜单下打开“色彩范围”命令，利用吸管在白色天空部分吸取，如果有遗留，可以利用加选吸管多点几下，保证天空部分都变成纯白即可，包括树叶或建筑的缝隙。适当调整颜色容差值，让不想选择的区域成为纯黑，如图1-3-52所示。

7.确定色彩范围后就可以得到天空的选区了，这样选择的天空是很精准的，连树叶缝隙都可以选择到，如图1-3-53所示。

图1-3-52

图1-3-53

8.打开一张天空素材图片，笔者选择了一张晚霞的素材（只是因为喜欢这个色调），如图1-3-54所示。

图1-3-54

9.利用矩形选框将要用到的天空部分框选出来，然后在编辑菜单下选择“拷贝”命令，将选中的天空部分复制到剪贴板，如图1-3-55所示。

图1-3-55

10.复制后就需要粘贴，回到前面选择好的原始照片中，此时不能直接使用粘贴命令，要使用编辑菜单下的“选择性粘贴”中的“贴入”命令，如图1-3-56所示。

11.这样粘贴进来的素材是在建筑物或者树的后面的，如图1-3-57所示。如果直接使用粘贴，那前面做的色彩范围的选区就没有意义了。

图1-3-56

图1-3-57

12.通过编辑菜单下面的自由变换命令调整粘贴进来的天空素材的大小，至少要能够覆盖所有天空部分，如图1-3-58所示。

13.大小调整好以后天空就置换完成了，但是素材图片层次清晰、色彩鲜艳，与原始图片的感觉完全不一致，那么就需要继续调整。可以先将该图层的不透明度降低到60%左右，这样天空素材就不会那么明显，变得与原始图融合了，如图1-3-59所示。

图1-3-58

图1-3-59

14.天空置换好以后，水中的天空倒影也得置换，同样用套索工具先圈选出水中所有的天空倒影部分，如图1-3-60所示。

15.然后打开色彩范围命令，用吸管吸取水中天空倒影部分，适当调整颜色容差值，直到水中天空倒影变为纯白色，其他区域变为纯黑色为止，如图1-3-61所示。

图1-3-60

图1-3-61

16.由于前面已经拷贝过天空素材，只要中途没有复制过其他内容就不需要再次拷贝，可以直接在编辑下面使用“选择性粘贴”里的“贴入”将天空素材粘贴到倒影部分，如图1-3-62所示。

17.同样使用“自由变换”进行缩放，不过倒影中的天空除了缩放合适以外还需要做垂直翻转，在自由变换的状态下直接点击鼠标右键即可选择“垂直翻转”命令，如图1-3-63所示。

图1-3-62

图1-3-63

图1-3-64

18.方向和大小要合适，还要考虑倒影位置是否合适。参考真正天空部分的图像，保持上下对称，如图1-3-64所示。

图1-3-65

19.降低该图层的不透明度，要比上面天空素材的不透明度更低才可以，因为水中倒影是不能比真正的天空清晰的，可以调整到30%，如图1-3-65所示。

20.以上是对天空的置换操作，不过这时的天空色彩并不完全融洽。下面要调整置换完天空后的色彩，其实也是为了让整个画面换完天空后看着更符合实际效果，不显得那么“假”。进入快速蒙版，利用画笔涂抹中间角楼以及城墙和树的部分，角楼部分需多涂抹几次，如图1-3-66所示。

图1-3-66

21.退出快速蒙版转换成选区，给选区部分添加曲线调整层，如图1-3-67所示。

图1-3-67

22.在曲线中需要调整的是角楼和城墙的明度及对比度，提高明度，增加对比度。接着再对色彩做个调整，尽量让原图中的内容也倾向天空色调，使其有一种晚霞普照的感觉。对红通道进行增加红色的处理，对绿通道中的亮部进行减少绿色的操作，在蓝通道中进行减少蓝色的操作，如图1-3-68、图1-3-69、图1-3-70、图1-3-71所示。

图1-3-68

图1-3-69

图1-3-70

图1-3-71

图1-3-72

23.为了让照片层次丰富，不要一次性调整得太多，可以再次进入快速蒙版使用画笔涂抹，这次与上次涂抹的范围并不一致，但还是要以角楼为主要涂抹区域。转换成选区，添加曲线调整层，如图1-3-72所示。

24.在曲线中再次提高明度，暗部要加强一些，尽量让画面中的层次丰富，如图1-3-73所示。

25.将所有图层进行盖印，然后对盖印后的图层执行Camera Raw滤镜操作，继续加强画面的层次感、色彩感，如图1-3-74所示。

图1-3-73

图1-3-74

26.在Camera Raw滤镜中对图像的曝光、对比及明暗细节进行处理，顺便调整白平衡。主要目的是提升清晰度，这样层次会变得很丰富，有关色彩的处理可以对饱和度及自然饱和度进行调整，如图1-3-75所示。

图1-3-75

27.添加可选颜色调整层，在此处可以对画面中的各个色彩进行细化调整。笔者调整了红色、黄色、绿色、中性色，这几个色彩在画面中都是存在的，调整它们就是让画面的色彩更融洽并且更鲜艳，如图1-3-76~图1-3-79所示。

图1-3-76

图1-3-77

图1-3-78

图1-3-79

28.再次使用快速蒙版选择天空的部分，得到选区后添加曲线调整层，如图1-3-80所示。

图1-3-80

29.在曲线中直接压暗天空部分，让云层的细节更明显一些，如图1-3-81所示。

图1-3-81

30.终于结束了，虽然过程很漫长，但效果与原图相比反差还是很明显的，更换天空不容易，如图1-3-82所示。

图1-3-82

这个过程看上去步骤很多，其实每个步骤都是比较基本的调整，只要有一定的后期PS基础，更换天空就不成问题，欠缺的只是熟悉这个整合过程。这里的步骤只是提供一个思路，照片不同其具体的操作也会有差异，具体照片还需具体分析。

这三种方法就是最常见的天空处理方法，基本涵盖了所有类型的天空处理，学会这三种方法，照片中就不会再有天空的问题存在。

1.3.2 风光照片中层次的丰富调整

在风光照片中，色彩和层次都占据了很重要的地位，层次也是画面中的灵魂，只有好的色彩却没有丰富深远层次的照片也不能算完美的照片。有色彩有细节有层次才是我们需要的作品，因此把握好照片中的层次是非常必要。

此处所谓的层次就是指画面中细节内容的变化，以及远近虚实、错落交互、主次分明等内容，总结成一句话就是照片看上去内容丰富多彩不平淡，不单调，有内涵，如图1-3-83中云层、水面、岸边就涵盖了很多丰富的层次细节。

图1-3-83

1. 风光照片中的层次包括哪些内容？

风光照片中的层次远比人像照片中的层次丰富。就通常的风光照片而言，常见的层次有：主次层次、远近对比层次、虚实反差层次、明暗细节层次、空间立体层次；

(1)主次分明

所谓的主次分明就是说在风光照片中，既然拍摄了这个画面，就说明在这个场景中有吸引人的部分，那这个最吸引人的部分就是画面的主要部分，其他的就是次要部分。当对画面进行调整处理的时候，就要以最吸引人的部分为主要处理对象，其他部分次之。如果整个场景都很吸引人，但画面中找不到最具吸引力的点，那么就会以整个画面的中心为主，四周为辅。风光照片处理中这种层次的处理最常见。如图1-3-84所示，这个路标牌就是照片的主要部分，所以尤为突出。

图1-3-84

(2)远近对比

远近对比在任何照片中都存在，即便是简单的室内人像照片也存在背景与人的远近对比，在风光照片中就更常见。举个例子，如图1-3-85(张峥嵘摄影作品）所示，这种远近的层次效果在一般的风光照片中都会存在，由远到近可以看到蓝天、白云、远山、近山、小河、树木……

图1-3-85

(3)虚实反差

虚实反差的层次只体现在画面中远近或者主次之间，以虚实来区分最想表现的内容与其陪衬。当然还有一部分意义就是以虚实表现画面中景深的不同，顺序的不同。图1-3-86(彭军摄影作品）中，船与船夫作为画面的主要表现内容，比较清晰，其余部分皆为做了虚化处理。

图1-3-86

(4)明暗细节

明暗细节主要指的是画面中的细节层次表现得是否丰富，画面中的亮部和暗部不能以纯黑、纯白形式出现，其中是有细节表现的。层次的处理相当重要，会直接影响作品的成败，这是检验摄影技术与后期技术的一个重要指标。图1-3-87（李志杰摄影作品）中暗部内容通过后期处理尽量让细节表现得更多一些，不至于让暗部成为死黑而没有了层次。

图1-3-87

(5)空间立体

空间立体层次主要是指画面中的纵深感，也就是画面的立体效果，就像弹簧拉开的那种拉伸效果，让画面从前到后有一定的纵深空间。这种层次是风光照片中很重要的层次，如果没有空间感画面会平淡无奇，缺少视觉冲击力。如图1-3-88所示，长城的延伸及连绵的山峰就给人一种纵深感很强的空间效果，一眼望不到尽头，总感觉最远处还有更多空间。

图1-3-88

以上提到的这些层次是风光摄影中经常表现的，但是不代表在一张作品中必须同时出现这些层次的表现方式，通常一张画面中存在两种或三种即可，假如将所有层次都体现在一个画面中，那这个画面也会乱作一团。

2. 风光照片中的层次该如何调整？

(1)主次分明层次的调整思路

主次分明的层次通常采取选区结合调色命令的方式处理，尽量让主要表现的部分偏亮一些，就会比较突出。非主要表现的部分可以适当压暗，这是为了衬托出主体。也可以采取锐化的形式让主体清晰、多细节，采取模糊的形式让非主体虚化、少细节。如图1-3-89（庄亚仙摄影作品）所示，画面中的房子为主要表现的对象，清晰突出；其余部分只是为了衬托画面，虚化柔和。

图1-3-89

(2)远近对比层次调整思路

远近对比所变现的就是画面中自然存在的远近顺序和距离，这种层次在原始照片中如果不够清晰，那么通过调整明暗、冷暖、虚实来强化即可。在同一个画面中，近处的内容要表现得亮一些、清晰一些、暖一些；远一些的内容要处理得稍微暗一些、虚化一些、冷一些；最远的那就得处理到最暗、最虚、最冷。当然这只是相对的，并不是绝对到最暗、最虚、最冷，只是与前面的相比而言。如图1-3-90（白石山人摄影作品）所示，前面的树木最靠前，所以处理得最清晰、最暖；后面的远山最靠后，所以处理得最虚化、最冷。

图1-3-90

(3)虚实反差层次调整思路

虚实反差层次处理其实是建立在主次层次的基础之上而延伸的内容，所以可以根据主次层次的思路进行调整。当然并非画面中必须有虚实的反差才会有层次感，虚实反差只是实现其他层次的一种表现手法，它遵循的是主体实陪体虚、中间实四周虚、近处实远处虚，通常利用选区并结合高斯模糊的方式来实现。如图1-3-91所示，最前面的长城及山峰为主体，清晰实在。远处的山峰和长城则越来越虚。

图1-3-91

(4)明暗细节层次调整思路

明暗细节层次调整的是画面中最亮的部分和最暗的部分的细节，前面也提到过最亮部分不能成为死白，最暗部分不能死黑。要在画面的亮部或者暗部都可以看到其中的细节变化，无论光线有多暗，暗部一定要能看到朦胧的细节。利用调色命令及混合模式调整较为常见，也可采取ACR进行细节调整。如图1-3-92(张建发摄影作品）所示，前面阴影部分内容在原图中为黑色一片，通过调整可以清晰看到大部分细节，并朦胧看到最暗部细节。

图1-3-92

(5)空间立体层次调整思路

空间立体层次以明暗变化为调整依据，无论是远近还是虚实都以明暗变化来表现，也都是强化空间或者弱化空间的调整项。具有深远空间的画面只需控制好明暗对比即可实现空间的强化，同样是近处提亮、锐化、调暖调，远处反调。尽量通过明暗、虚实、冷暖拉开每个层次的距离，加强画面的视觉纵深效果。如图1-3-93（张峥嵘摄影作品）所示，通过对前面草地的强化，拉伸了画面中的纵深距离。

图1-3-93

3. 风光照片中层次调整的技法

通过对上面介绍的各种层次的内容及调整思路的总结，笔者总结出了以下几条层次调整的技法。

（1）主次分明可以采取快速蒙版结合曲线进行提亮/压暗操作。

（2）远近距离可以利用选区结合调色命令改变冷暖和明暗完成。

（3）虚实可以通过改变对比度及锐度/模糊来实现。

（4）四周压暗，中间提亮是很有效的一种操作技法。

记住这四条，这是万能的层次调整方式，适合所有照片的层次调整。

4. 风光照片中调整层次容易步入的误区

在层次调整过程中很多人往往不知不觉就步入了调整误区，一旦进入误区，调整的最终方向和效果将会发生改变。以下是凭借多年经验总结出的最容易步入误区的几个部分，请大家注意。

（1）做明暗调整的时候调整幅度不要过大，无论使用什么命令，每次调整一点点，可多次调整。

（2）做虚实调整时，要时刻观察画面变化，不要一味相信数值，照片不同数值设置也不同。

（3）层次调整的步骤没有固定顺序，不要死记硬背，具体照片具体分析。

（4）不要闭门造车，多与原片前后反复对比。

总结了这么多关于风光中层次的调整的知识，但这些应该说只是理论，大家不能光纸上谈兵，下面就进行实操练习。一定要多练习层次的处理，做到既能熟悉基本的操作，又能练就一手调片的好本领。

(1)风光照片层次调整实例一：通过PS打造超强层次的光束山景

这张照片拍摄得还是很到位的，无论是构图还是曝光都比较符合风光照片的拍摄要求，而且洒落的光线也拍摄得比较清晰。只可惜天公不作美，由于雾气的原因使照片的通透感大打折扣，这无疑是令摄影人比较头疼的问题，如图1-3-94（杨燕摄影作品）所示。那么，对这张照片的调整就是以使其层次清晰为调整目的，并对色彩做一些处理和加强，最终表现效果是一张充满光线并且通透的作品。下面来看具体调整步骤。

图1-3-94

1.将照片打开后先进行一次最基本的调整，也就是处理照片的曝光、对比等细节。在滤镜下打开Camera Raw滤镜，对照片做减少曝光、增强对比度与清晰度的调整。并对高光、白色、阴影、黑色等部分做适当调整，主要的调整目的就是让照片减少雾气感，增强对比细节，如图1-3-95所示。

2.基本的对比调整完成，之后就需要进行处理局部层次了。可以将照片先分为两个大部分进行处理，一部分是后面的高山，另一部分是前面的梯田。进入快速蒙版，利用大圈画笔对高山部分涂抹，进行选择，如图1-3-96所示。

图1-3-95

图1-3-96

3.使用画笔涂抹完以后会得到高山部分的选区，在图层面板下方的调整层中给选区添加曲线调整层，如图1-3-97所示。

图1-3-97

4.添加曲线调整层时要对曲线中RGB通道做调整，上半部分曲线向上提，下半部分曲线向下压，以此来强化高山部分的对比效果，如图1-3-98所示。

图1-3-98

5.再次进入快速蒙版，缩放笔圈并涂抹梯田部分，所有梯田都需要涂抹，越靠近下方边缘的部分涂抹的次数越多，如图1-3-99所示。

图1-3-99

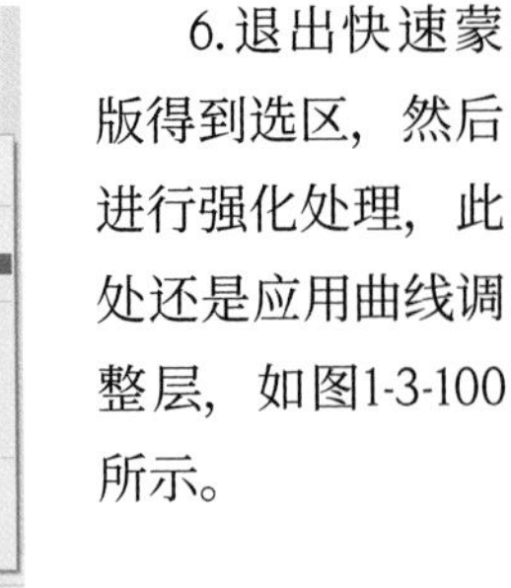

图1-3-100

6.退出快速蒙版得到选区，然后进行强化处理，此处还是应用曲线调整层，如图1-3-100所示。

图1-3-101

7.在曲线中提升选区的部分的明度，让梯田的层次变得清晰一些，如图1-3-101所示。

图1-3-102

8.再次进入快速蒙版，用画笔涂抹前面一部分梯田，将其转成选区后直接添加曲线调整层，如图1-3-102所示。

图1-3-103

9.在曲线中对选中的部分再次进行提亮，让最前面的梯田更靠近观者，这样也可以拉开纵深距离，如图1-3-103所示。

10.这一步是这张照片中调整的关键，对光线做加强的处理有些难度，但是有志者事竟成。进入快速蒙版，将画笔设置成不同粗细，涂抹成放射光线的形状。涂抹的时候借助Shift按键可以涂抹出直线，用画笔先点一下，然后按住Shift键，画笔移动到另一端再按下鼠标就可以画出直线，反复画几次。注意改变画笔的粗细即可出现不同宽度的光线选区，如图1-3-104所示。

图1-3-104

11.退出快速蒙版后得到选区，添加曲线调整层，提亮选中的部分，这样光线就会突出，如图1-3-105所示。

图1-3-105

12.如果光线在调整后显得非常清晰，那么明显有点不真实，此时可以选中曲线调整层的蒙版，在滤镜中打开“模糊”里面的“高斯模糊”命令，将蒙版中的效果进行模糊处理，这样光线就会柔和很多，如图1-3-106所示。

图1-3-106

图1-3-107

13.模糊后可以适当通过调整图层不透明来改变光线的清晰效果，具体依照个人感觉即可，如图1-3-107所示。

图1-3-108

14.接下来对照片做个简单的色彩调整。给照片添加可选颜色调整层，先对红色做突出调整，主要减少青色、增强洋红和黄色即可，适当加点黑色压重，如图1-3-108所示。

15.然后分别对画面中的黄色、绿色、青色、蓝色做相应调整，这些调整没有固定参数和固定方向，调整过程中要仔细观察画面变化，觉得舒服即可，如图1-3-109、图1-3-110、图1-3-111、图1-3-112所示。

图1-3-109

图1-3-110

图1-3-111

图1-3-112

16.最终调整主要是以层次的强化为目的，所以在色彩上并没做太多的处理，只要画面通透清晰、有距离感、有空间感就算成功，如图1-3-113所示。

图1-3-113

(2)风光照片层次调整实例二:利用 PS 强化风光照片中的空间层次

照片中的空间层次在前面也做了介绍，空间感对照片的效果呈现起到很重要的作用，如果空间效果足够，照片看上去立体效果很明显，而且层次也会很丰富。通过对照片1-3-114（杨燕摄影作品）的观察发现照片受到天气雾气的影响，清晰度和距离感并不是很强，所以要加强空间感。首先要调整画面中的远近层次，然后再加强一些色彩即可。

图1-3-114

1.打开照片后可以先利用Camera Raw滤镜对照片的基本明暗和对比做调整，其实此步调整很关键，很多细节层次和清晰效果都可以在这一实现。在这里通常都会针对清晰度、曝光、对比度，以及暗部亮部细节进行调整，其中细节调整比较明显，这是显示层次的关键调整选项，如图1-3-115所示。

2.基本内容调整好以后，就可以采取局部调整的方式来做进一步处理了。从前往后依次调整，先利用快速蒙版涂抹前面的一排树，以高光带为分水岭，如图1-3-116所示。

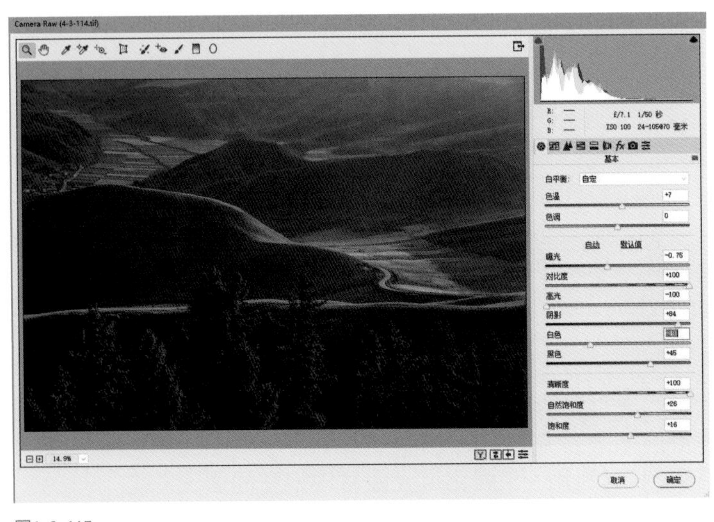

图1-3-115

图1-3-116

3.涂抹好以后退出快速蒙版得到选区，给选区添加曲线调整层，记住尽量在图层下方添加调整层，不要在图像菜单里添加曲线命令，否则不方便后期修改，如图1-3-117所示。

图1-3-117

4. 此处添加曲线调整层的目的就是将前面这部分内容提亮。直接在RGB通道下提升即可，如图1-3-118所示。

5. 然后使用快速蒙版涂抹中间区域，画面的正中间部分可以多涂抹几次，笔圈大一些，太小会出现涂抹不均匀的问题，如图1-3-119所示。

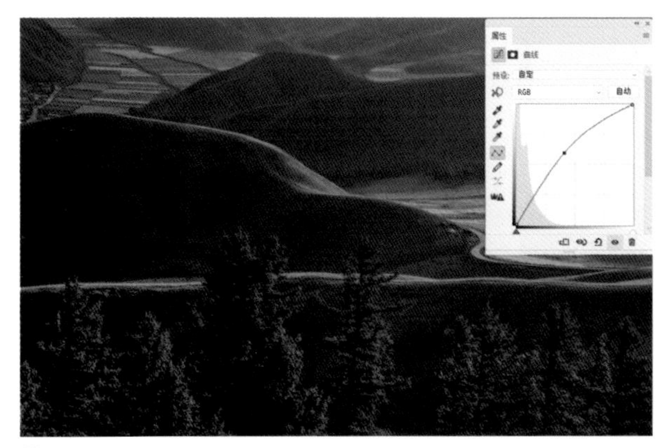

图1-3-118

图1-3-119

6. 退出快速蒙版得到选区，直接给选区添加曲线调整层，增强中间部分的对比度，如图1-3-120所示。

图1-3-120

7.最后选择后面的部分，还是以快速蒙版的选择形式为宜。涂抹时越靠近上方的部分，涂抹的次数越多，但要保证有柔和的过渡，如图1-3-121所示。

8.此处的曲线调整也是以加强对比调整为主，将曲线调整为“S”线即可，如图1-3-122所示。

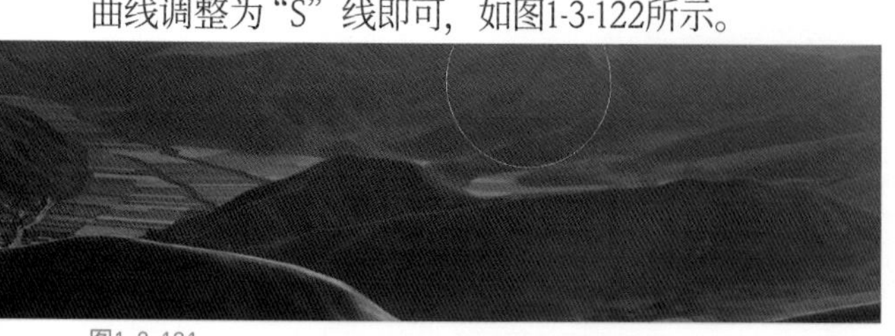
图1-3-121

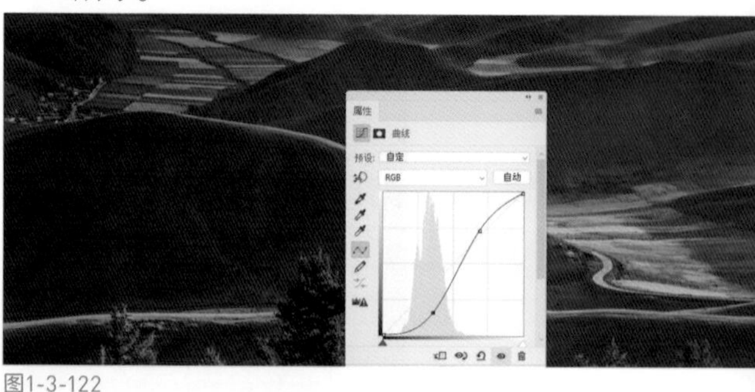

图1-3-122

9.局部调整完成后，观察整体的感觉，为了使整体效果和谐，直接对整体画面添加曲线调整层，不需要建立选区。在曲线中强化对比，不要太强烈，轻微处理即可，如图1-3-123所示。

图1-3-123

10.然后就要对色彩的强化处理，可以整体添加可选颜色调整层。先对画面中的红色进行处理，对红色采取增加红色、洋红、黄色并进行提亮的操作。主要是为了让照片中的红色表现得更突出，光线照射部分更暖，如图1-3-124所示。

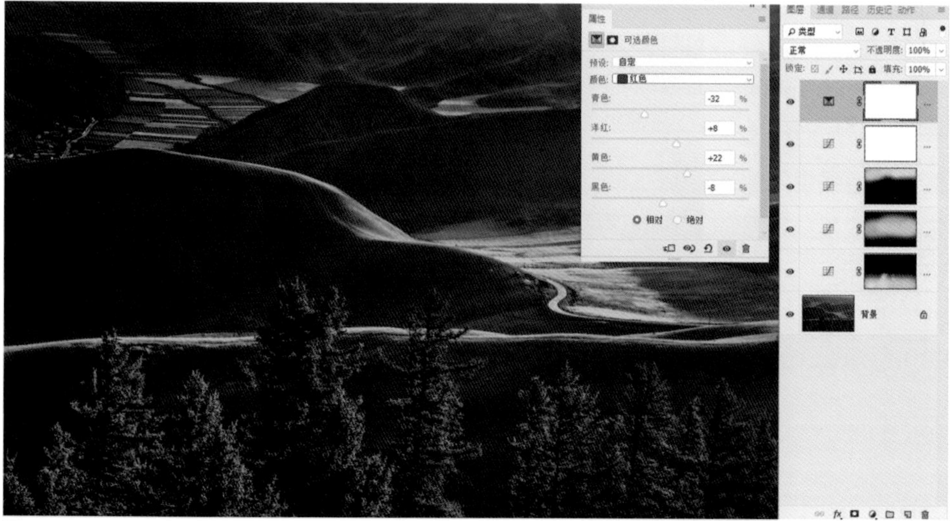

图1-3-124

11. 对黄色也做个处理，处理的思路几乎和红色一样，只是参数设置上会有一些变化，具体数值可以根据个人爱好调整，如图1-3-125所示。

图1-3-125

12. 在原始图层上方添加曲线调整层，添加前只需先选中原始图层即可添加到合适位置。在此处的曲线里对红通道进行亮部减少红色的处理，主要调整的是右上角的眩光处，让此处偏青偏冷一些，如图1-3-126所示。

图1-3-126

图1-3-127

13. 在绿通道中对暗部进行增加洋红的处理，对亮部进行增加绿色的处理，这样明暗中的色彩反差会大一些，层次会清晰一些，如图1-3-127所示。

14. 在蓝通道中也进行反向处理，亮部加黄色，暗部加蓝色，目的一样是为了加大反差层次，如图1-3-128所示。

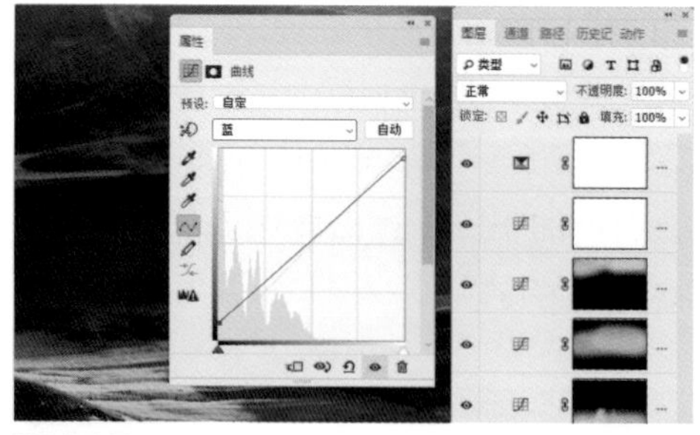

图1-3-128

15. 目前画面的层次感已经出来了，空间感也已经加强了，从前往后的距离拉开了。不过色彩上还是需要稍稍强化一些，整体添加“色相/饱和度”调整层，适当加强饱和度，让画面鲜艳一些。如果不满意色相，也可以根据自己喜好进行调整，注意角度不要太大，如图1-3-129所示。

图1-3-129

16. 最后的效果出现了，能明显感觉到空间效果加强了，照片也清晰了，层次也丰富了，如图1-3-130所示。

图1-3-130

通过两个层次调整的实例演示，各位读者应该也对层次的处理调整有了一定的认识。照片的层次调整几乎都可以采取整体加局部的方式，结合明暗和对比，再结合色彩就可以让照片的表现内容丰富起来，这样调整好的照片无论是层次还是空间都会有所加强。不过需要注意的就是我前面所提到的，不要调整太过，每次的处理要控制好度。

1.3.3 风光照片中色彩的处理

风光照片中的调整主要包括两大部分：一个是前面介绍的层次的调整，只要层次调整好就成功了一半；另一个就是色彩的处理，一张好的风光作品不一定色彩鲜艳，但一定是色彩丰富和谐。不一定色彩斑斓，但一定是色彩融洽、搭配得当，这样的效果靠的就是对色彩的把握与调整。

1. 风光照片中需要处理的色彩包括什么？

在风光照片处理中，根据拍摄的内容不同会有不同的色彩需要处理。不过通常情况下在风光照片中需要处理的内容有：天空色彩、水面色彩、树木色彩、花草色彩、沙漠色彩、建筑色彩、山峰色彩、光照色彩、阴影色彩、整体协调色彩、四季色彩等。并不是每一张照片都需要处理这些，照片中有哪些我们就针对哪些做处理。

天空色彩：在天空中正常情况下所包含的色彩是青色和蓝色，所以一般对天空色彩进行调整的时候都将色彩调整到偏青偏蓝，使其以正常的蓝天颜色展示，如图1-3-131（贾志新摄影作品）所示。

图1-3-131

既然有正常的天空那就会有不正常的天空，所谓的不正常的天空就是指有朝霞或晚霞的天空，这时候的天空基本组成色就不再是青色和蓝色了，而是红色和黄色。因此当遇到这种类型的天空照片时应以红、黄两种色彩调整为主，如图1-3-132（何平摄影作品）所示。

图1-3-132

水面色彩：水面色彩一般都是倒映天空或者岸边花草树木的颜色，大多数以天空色彩为参考，可以适当将颜色饱和度降低一些，如图1-3-133（杨燕摄影作品）所示。

图1-3-133

沙漠色彩：在我们的印象里，沙漠就是那种遍地黄金的感觉，所以大部分的沙漠色彩都会以金色为主色调，也就是比较浓重的黄色与红色的混合，如图1-3-134所示。

图1-3-134

花草树木色彩：花的颜色种类很多，无法一一列举，将其归类到草与树木类别介绍。正常的草与树都是以绿色为主色调，绿中带有一丝青色最为合适。所以那种绿树草地的照片还是以绿色加青色来表现花草树木的色彩，如图1-3-135所示。

图1-3-135

还有一种花草树木的色彩比较常见，那就是一些特殊品种的树木在秋季时呈现的是一种火焰似的红，如图1-3-136所示。

图1-3-136

光照色彩：光照一般都用暖色表现，受光部分暖调居多，背光部分冷调居多；光直射的区域可以用重暖色表现，背光部分可以加青色、蓝色冷化，如图1-3-137（白石山人摄影作品）所示。

图1-3-137

风光照片后期色彩处理技法及注意事项如下所述。

(1) 快速蒙版为常用选区方式，结合调色命令处理色彩。

(2) 可选颜色为细节色彩调整最常用的命令。

(3) 曲线可用于较大幅度的调整及大范围的处理。

(4) 色相饱和度主要用于色彩鲜艳程度及色相的校准。

(5) 任何色彩都可以适度夸张（双方向）。

(6) 画面中色彩不能只为了鲜艳而鲜艳，要考虑到整体的和谐。

(7) 切记每次的调整要微弱柔和。

2. 风光照片色彩调整实例一：通过 PS 打造壁纸级水上风光照

这张照片的调整将会使用到前面所介绍的层次调整及色彩调整，两者结合就能打造出一张完美的壁纸级别的风光作品。感谢本例照片的作者李志杰为本书提供摄影作品。

1.这张照片拍摄得还是比较到位的，除了对比和色彩不太合适以外并没什么严重问题，如图1-3-138所示。

图1-3-138

2.直接在PS中打开照片，首先进入的是ACR模式，不要犹豫，凭着感觉去调整。先处理最基本的曝光、对比和细节，如图1-3-139所示。

3.通过ACR调整后的图像看上去要清楚多了，色彩也鲜艳了，但还是感觉有点沉闷，后面会处理这个问题，如图1-3-140所示。

图1-3-139

图1-3-140

4.在滤镜中打开镜头校正，严格校准水平线，直接用拉直工具沿着画面中水平线的方向进行拖曳校准，如图1-3-141所示。

图1-3-141

5.下面的水面给人感觉宽度过大，果断裁切掉一部分，让画面构图看上去更舒服，如图1-3-142所示。

图1-3-142

6.不做选区，直接添加曲线调整层，对图像进行提亮和加强对比的处理，如图1-3-143所示。

图1-3-143

7.使用快速蒙版进行局部选择，主要涂抹画面的中间部分，注意控制画笔，不要涂抹得太生硬，如图1-3-144所示。

8.退出快速蒙版得到选区，添加曲线调整层，直接进行提亮操作。让中间部分更突出，层次更明显，如图1-3-145所示。

图1-3-144

图1-3-145

9.再次使用快速蒙版涂抹四周区域，越靠近外围涂抹次数越多，如图1-3-146所示。

10.退出快速蒙版得到选区，添加曲线调整层，将曲线压下去，让四周变得暗一些来衬托中间部分，如图1-3-147所示。

图1-3-146

图1-3-147

11.接下来开始处理色彩，添加可选颜色调整层，对红色、黄色、青色、蓝色、白色分别进行调整，目的是让画面中的各个色彩鲜艳起来，可参考的参数设置如图1-3-148所示。

图1-3-148

12.添加“色相/饱和度”调整层，分别对蓝色、青色、黄色、红色以及全图进行饱和度及色相的调整，目的依然是让画面中的色彩更鲜艳，可参考的参数设置如图1-3-149所示。

图1-3-149

13.经过几次调整后，中间树林的部分有点暗，使用快速蒙版选中，添加曲线调整层并提亮，如图1-3-150所示。

图1-3-150

14. 再次利用快速蒙版选择整个画面的中间部分，使用曲线调整层提亮，并稍稍加强对比度，如图1-3-151所示。

图1-3-151

15. 不做选区，直接添加曲线调整层并再次增加对比度，争取让画面更清晰，如图1-3-152所示。

图1-3-152

16. 总感觉画面还是有点不够艳丽，尝试再次添加一个“色相/饱和度”调整层，提高全图的饱和度，如图1-3-153所示。

图1-3-153

17. 最后添加一个色彩平衡调整层，对色彩倾向进行处理，分别对暗部、中间调、高光做调整，让画面看上去更具有“高大上”的色调，如图1-3-154所示。

图1-3-154

18. 最终效果如图1-3-155所示。

图1-3-155

3. 风光照片色彩调整实例二：使用PS调出色彩缤纷的五彩石

本例中照片色彩的处理变化是非常强烈的，层次变化倒显得没那么强烈，但是最终效果还是很震撼的。照片从摄影角度看应该没什么问题，这里也不做太多摄影问题的讨论，主要介绍后期的调整方法。调整之前，先感谢本照片的作者杨燕为本书提供摄影作品。

1. 打开照片图1-3-156，照片中的层次还是比较明显的，色彩显得有些淡，也许原始场景的色彩就是如此，但是后期处理是可以进行色彩夸张的。

图1-3-156

2.照片如果是RAW的格式，那么在打开的时候会直接进入Camera Raw插件，如果不是RAW格式，也可以在滤镜下打开此命令。这里做的调整主要是强化细节清晰度以及明暗对比效果，也要适当地加强一些层次内容，如图1-3-157所示。

图1-3-157

图1-3-158

3.新建一个图层，在工具栏中选择渐变工具，设置渐变颜色为黑色到透明的渐变。利用线性渐变在四个角做部分渐变，这样可以给照片四周加个暗角效果，其实是为了衬托出中间的石块，如图1-3-158所示。

图1-3-159

4.进入快速蒙版，将画笔笔头设置得大一些，对石头部分做涂抹，越靠近中间涂抹的次数越多，退出后得到选区，给选区部分添加曲线调整层。直接在曲线的RGB通道中提亮整体，压暗重颜色区域，这也是针对石块部分对比度所做的调整，如图1-3-159所示。

5.如果觉得照片整体明暗不合适，可以给整个照片添加曲线调整层。将整个画面适当提亮，稍加对比度，如图1-3-160所示。

图1-3-160

6.接下来对石头的颜色进行调整。直接整体添加可选颜色调整层，利用可选颜色中的分色调整功能对石头的各种颜色做强化处理。先选择红色，直接加红色、加洋红色、加黄色并做压暗处理，如图1-3-161所示。

图1-3-161

7.选择黄色，同样做加红色、加洋红、加黄色和压暗处理，这样画面中的颜色会变得更厚重，如图1-3-162所示。

8.选择青色，这主要是调整天空部分的色彩，进行加青色、加洋红、加蓝色并做压暗处理，让天空色彩也变得厚重一些，如图1-3-163所示。

9.选择蓝色，依然是调整天空色彩，加青色、加洋红、加蓝色，再做压暗处理，如图1-3-164所示。

10.选择白色，目的是调整天空中的白云以及石头上的白色线条，让白色更明显突出一些，直接减少黑色以提亮，如图1-3-165所示。

图1-3-162

图1-3-163

图1-3-164

图1-3-165

图1-3-166

11. 经过对几种颜色的调整，整个画面的纯度有些高，可以添加“色相/饱和度”调整层进行降低饱和度的操作处理，如图1-3-166所示。

图1-3-167

12. 做完简单的几步处理后，照片的感觉就大不一样了，色彩层次都显得更丰富了，这就是后期处理对风光照片的改善，如图1-3-167所示。

4. 风光照片色彩调整实例三：使用 PS 打造绚丽的逆光风光照

本例的照片在曝光上是需要做很大调整的，在强化色彩及加入色彩后，整个照片的感觉发生了翻天覆地的变化，来看看怎么让照片大变身吧。

1. 观察原图，发现其曝光不好，但很稳重，如图1-3-168所示。

图1-3-168

2.打开照片进入PS，由于是RAW格式，所以首先进入Camera Raw插件，在这里调整一些参数，如图1-3-169所示。

图1-3-169

图1-3-170

3.接着利用快速蒙版处理细节。先用很大的笔圈涂抹整个画面的中间部分，目的是将这一部分提出来，如图1-3-170所示。

4.退出快速蒙版得到选区后直接在图层面板下方添加曲线调整层，提亮选中部分并调整对比度，如图1-3-171所示。

图1-3-171

5.再次使用快速蒙版，涂抹天空部分，不过这时候要注意尽量以天空部分为主，越靠上的部分涂抹次数越多，如图1-3-172所示。

6.退出快速蒙版，添加曲线调整层，适当压低天空部分的明度，让天空变得层次细节多一些，尤其是云层的部分，如图1-3-173所示。

图1-3-172

图1-3-173

7.再做一次快速蒙版，有些区域可能会使用多次调整。多观察画面，如果感觉哪部分不合适，一定要认真处理。这一次只选择两个小的部分，这两个部分看上去还是有点暗，如图1-3-174所示。

8.得到选区后直接添加曲线调整层，提亮并增加对比度，如图1-3-175所示。

图1-3-174

图1-3-175

9.接下来就开始处理色彩了，其实无论最后要做什么效果，前面的层次细节以及色彩都需要事先调整到位，最后再添加效果，不然照片禁不住推敲。直接使用可选颜色调整层，对里面多种色彩进行处理。主要是对天空中云的色彩，天空色彩及亮部区域细节做调整，如图1-3-176所示。

图1-3-176

10.添加“色相/饱和度”调整层，对整个画面的色相及饱和度做调整，尽量让照片色彩看上去舒服一些，如图1-3-177所示。

11. 添加曲线调整层，这次没有选区。将绿通道、蓝通道、红通道分别进行底点和顶点的调整，详细处理如图1-3-178所示。这里主要是对亮部和暗部做色彩调整，也算是为画面加点色调。

图1-3-177

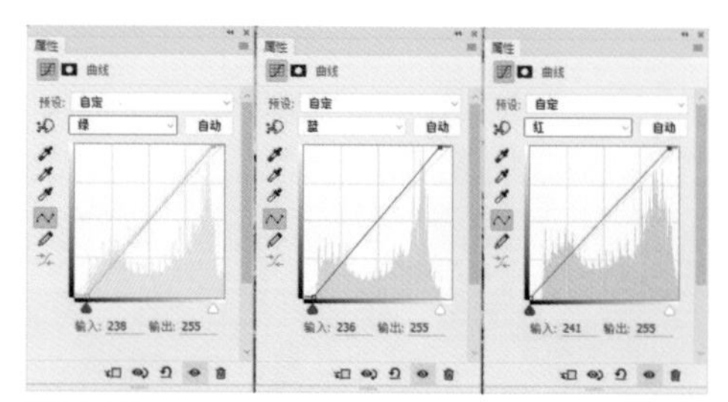

图1-3-178

12.再次添加一个曲线调整层，再给照片稍微加点暖色，因为后面的主要色调是暖色，所以在这里就可以向目标“进军”了，如图1-3-179所示。

图1-3-179

13.制作一个光晕出来，操作的方法是：新建正方形文件，不要太大。填充黑色后添加滤镜下面渲染里的“镜头光晕”。将光晕发光点拖曳到中心，使用“高斯模糊”进行处理，令光圈消失即可。然后利用移动工具将其拖曳到照片中，再经过自由变换处理一下大小，如图1-3-180所示。

图1-3-180

14. 利用图层混合模式中的“滤色”去除光晕图层的黑背景，打开图像菜单下“调整”里面的“色相/饱和度”命令，增加饱和度，改变色相，让光晕变得清晰有炫光感，如图1-3-181所示。

15. 其实这时逆光的效果已经有了，但是看上去总显得有些苍白无力，画面对比也不够，如图1-3-182所示。

图1-3-181

图1-3-182

16. 再加一个曲线调整层，给照片再增加点暖色，此时如果发现画面出现雾气效果，可以适当调整对比度，如图1-3-183所示。

17. 最后添加一个“色相/饱和度”调整层，再次增加纯度，让照片整体鲜艳一些，如图1-3-184所示。

图1-3-183

图1-3-184

18. 逆光的效果就这么产生了，如图1-3-185所示。

图1-3-185

5. 风光照片色彩调整实例四:用 PS 打造国画色调风格水乡照

这种将水乡照片调整成国画色调效果的实例很多，不同的水乡照片展现出不同的国画感觉，但是在色调调整上还是有一定规律的，首先要清楚国画色调到底是什么样的色调。大部分国画色调倾向于柔和的低饱和色彩，泛着一点淡青色，再加上一些滤镜特效的处理就可以产生国画风格的效果。感谢本张照片的作者浅笑安然为本书提供摄影作品。

1.打开照片图1-3-186，可以先分析照片，先了解照片需要处理的内容有哪些。曝光需不需要调整，暗部细节需不需要提出来，构图需不需要裁切，等等。

图1-3-186

2.先调整构图，尽量将下面裁掉一些，下面太多会使画面看起来不是很舒服，如图1-3-187所示。

3.然后在滤镜下面的ACR里调整照片的基本情况，主要调整画面的明暗对比及层次效果，如图1-3-188所示。

图1-3-187

图1-3-188

4.为了方便操作，也是为了保护原始图层不受破坏，可以复制一个图层出来，如图1-3-189所示。

5.直接对复制的图层做滤镜，打开滤镜菜单，选择“滤镜库”，在里面找到“画笔描边”，再选择“喷溅效果”，对画面中的内容做类似水墨扩散的效果。可以根据自己的感觉调整参数，但是不要太过，如图1-3-190所示。

图1-3-189

图1-3-190

6.继续添加滤镜，在滤镜库里面打开“艺术效果”里面的“海报边缘”，给图像添加墨线效果。多调整几次参数，找到一个比较合适的效果即可，如图1-3-191所示。

图1-3-191

7.再次复制制作了效果的图层，这时候有三个图层了，如图1-3-192所示。

8.在图像菜单下的调整里找到黑白命令，利用黑白转换的过程将画面中的颜色重新做一次明暗调整，尽量接近国画的效果，主要是画面对比要强烈些，如图1-3-193所示。

图1-3-192

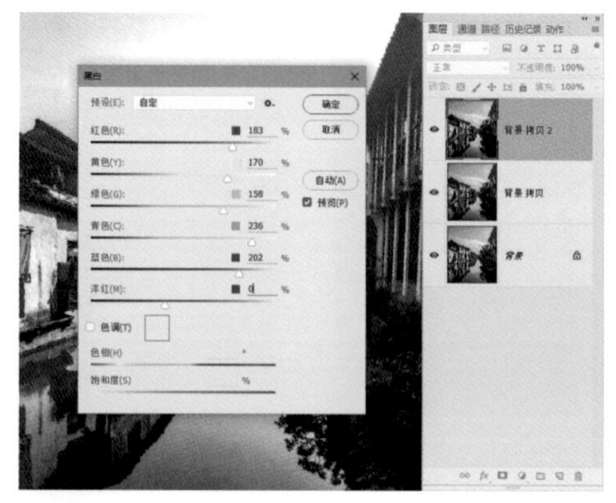
图1-3-193

9.调整好以后此图层就成为黑白效果了，不过我们不要纯黑白效果，可以降低次图层的不透明度，变成单彩色效果，如图1-3-194所示。

10.对所有图层进行盖印，得到一个新的图层，这个图层就是所有图层相加的效果，如图1-3-195所示。

图1-3-194

图1-3-195

11.在滤镜中添加“高斯模糊效果”，滤镜/模糊/高斯模糊，模糊半径调整到画面看不清楚即可，如图1-3-196所示。

12.修改模糊图层的不透明度，大概调整到50%左右，如图1-3-197所示。

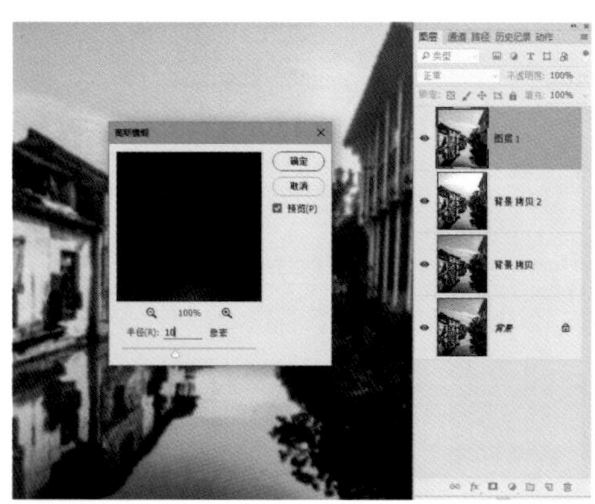
图1-3-196

图1-3-197

13.接下来对图像进行调色，添加曲线调整层，稍微给暗部加点蓝色调，如图1-3-198所示。

14.添加“色相/饱和度”调整层，将照片的饱和度降低，让照片更接近国画的水墨色调，如图1-3-199所示。

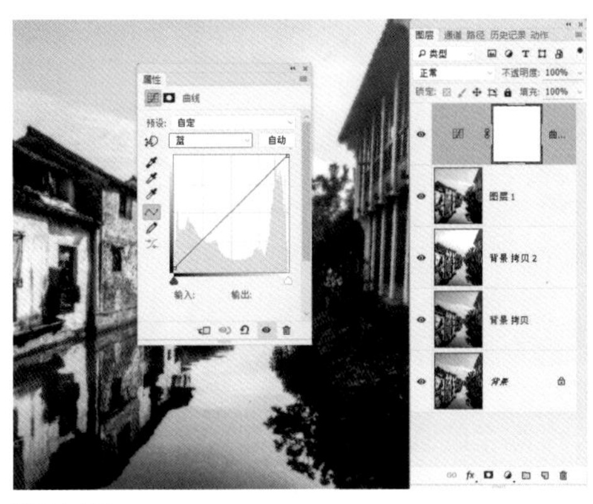
图1-3-198

图1-3-199

15.找一张纸张的纹理素材，最好是颗粒类似宣纸的素材，如图1-3-200所示。

16.将素材图片调入照片中，使用自由变换缩放到与图像一样大，如图1-3-201所示。

图1-3-200

图1-3-201

17.利用图层混合模式中的正片叠底将纸张素材融入照片中，可以适当处理不透明度，如图1-3-202所示。

18.最后添加书法文字，国画是离不开书法和篆刻的，如图1-3-203所示。

图1-3-202

图1-3-203

19.将书法文字置入照片中，进行缩放并调整位置，如图1-3-204所示。

20.如果觉得一组不够的话，可以再加一组，由自己决定，如图1-3-205所示。

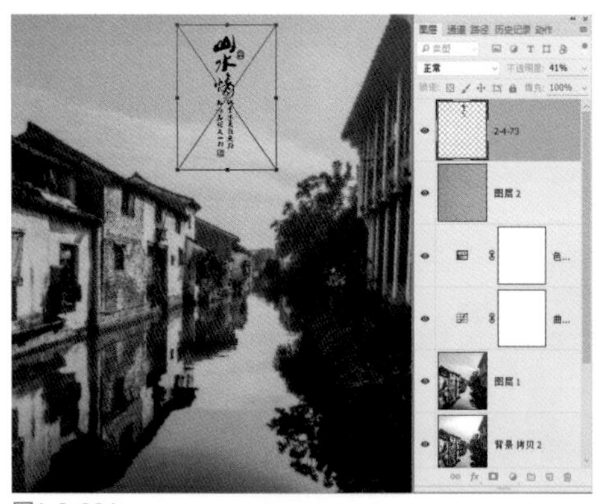

图1-3-204

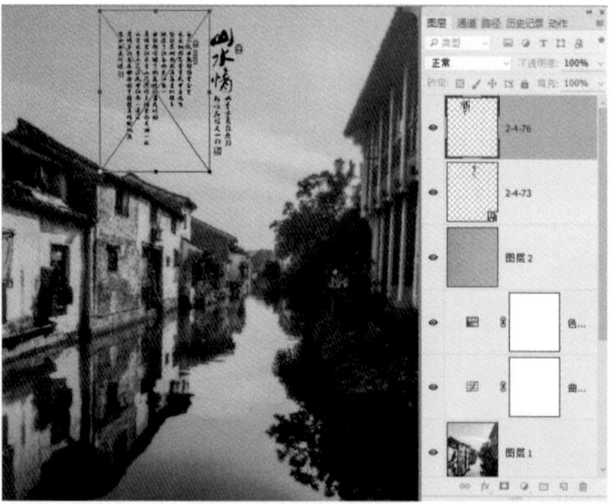

图1-3-205

21.添加好文字以后再次盖印图层，得到一个综合的画面效果，如图1-3-206所示。

22.新建一个图层，然后利用选择菜单下的全选命令将画面整个选中。在编辑下面打开“描边”，给画面做个深色的小描边，如图1-3-207所示。

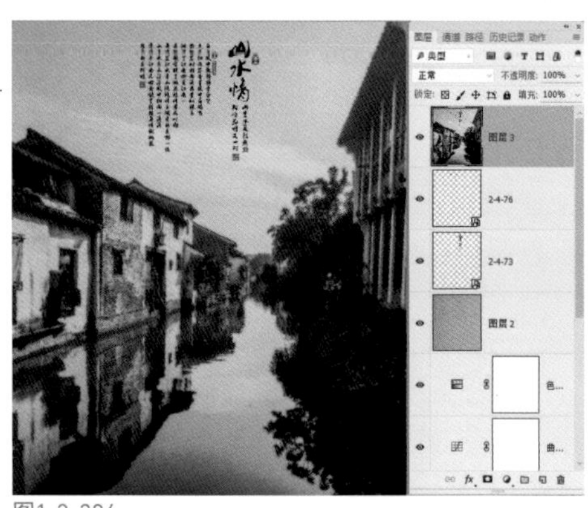

图1-3-206

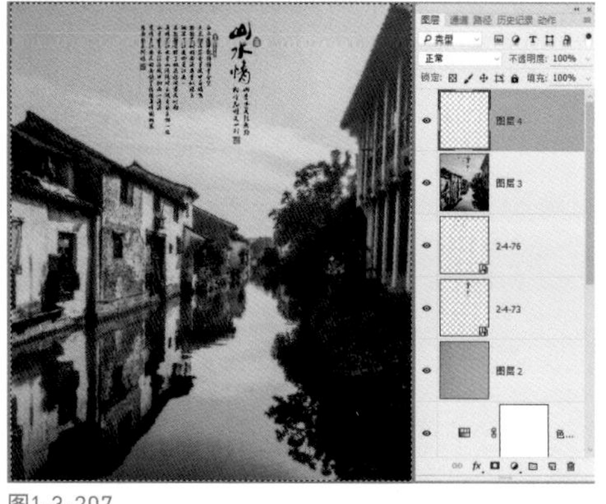

图1-3-207

23.将背景色设置为纯白色，然后利用裁切工具扩展画面四周的背景，扩展范围由自己决定，如图1-3-208所示。

24.利用矩形选框工具在画面四周再选择一个选区，不要紧挨着画面。然后新建图层，再次做“描边”，如图1-3-209所示。

图1-3-208

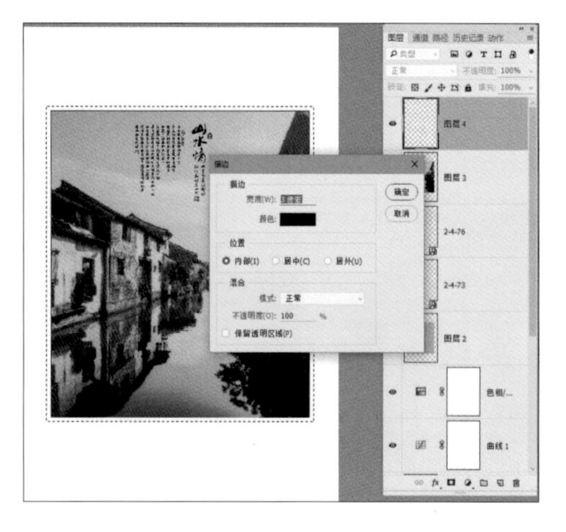

图1-3-209

25.经过这么多步骤的调整和处理，一张水墨国画效果的作品出现了，如图1-3-210所示。

图1-3-210

第1章中介绍的内容比较综合，从形体液化处理到抠图操作，再到天空处理，最后又介绍了风光图像层次调整及色彩调整。可以说这一章中包含了很多后期中常用的基础知识，希望各位读者能够认真学好本章内容。感谢各位读者的支持，下一章将介绍有关色彩理论的一些知识，让大家真正了解什么是色彩。

第2章

带你揭开色彩的神秘面纱

在摄影后期领域以及设计领域中，有很多需要学习色彩知识，从色彩的产生到色彩的对比，再到色彩的心理学都是我们必须要了解的色彩知识。这也是我们在调色的过程中对于如何理解色彩所应具备的知识。本章主要带领大家学习色彩心理学及色彩性格学，以此帮助各位读者加深对色彩的了解，增强色彩的敏感度，提升自身的审美。

当知道哪种颜色具有哪种代表意义后，再去调整照片的色彩，就会有很明确的调整目标，也会具备对色彩好坏的判断力。

了解了色彩相关理论知识后，结合这些知识针对人像做一些风格色调的调整，理论结合实践的学习会让你真正成为调色大师。

2.1 PS后期必备色彩理论知识

摄影后期领域必备的色彩理论知识包括了色彩的原色、属性、调色原理、色彩心理学、色彩性格学、色彩对比、色彩搭配等。由于我们的知识是循序渐进的，因此有关色彩最基本的原色、属性、调色原理在第一卷中已经做过介绍，第二卷将加大色彩理论知识的深度，主要包含色彩心理学及色彩性格学。这一部分属于纯理论的知识，希望各位在学习过程中不要觉得枯燥无味，其实色彩心理学和色彩性格学是很有趣的内容。端正学习态度，认真学习吧!

2.1.1 色彩心理学

色彩心理学是对色彩在人类心里所产生影响的学科，色彩心理是从视觉传达到心里的一种感知，也叫做色彩视觉心理。不同波长色彩的光信息作用于人的视觉器管，通过视觉神经传入大脑后，经过思维，与以往的记忆及经验产生联想，从而形成一系列的色彩心理反应。

也可以说就是我们心中对每一种色彩的感觉。生活中很多内容都跟色彩心理学有关系。受过系统训练的朋友对色彩的理解和普通的人是不一样的，了解色彩心理学的朋友对色彩的认知程度是很深刻并且很敏感的。

色彩心理学包括了我们对色彩的一些感知，有冷暖感、轻重感、软硬感、前后感、大小感、华丽朴素感、活泼庄重感、兴奋沉静感，这八种感觉基本涵盖了我们对色彩在心理上的认知。

1. 色彩的冷暖感

色彩本身并无冷暖的温度差别，是视觉色彩引起人们对冷暖感觉的心理联想。

暖色——人们见到红、红橙、橙、黄橙、红紫等颜色后，马上就会联想到太阳、火焰、热血等物像，产生温暖、热烈、危险等感觉，不过暖色主要给人一种温馨的感觉，容易让人亲近，如图2-1-01所示。

图2-1-01

冷色——见到蓝、蓝紫、蓝绿等色后，则很易联想到太空、冰雪、海洋等物像，产生寒冷、理智、平静等感觉，给人一种冷冷的浪漫感，容易让人远离，如图2-1-02所示。

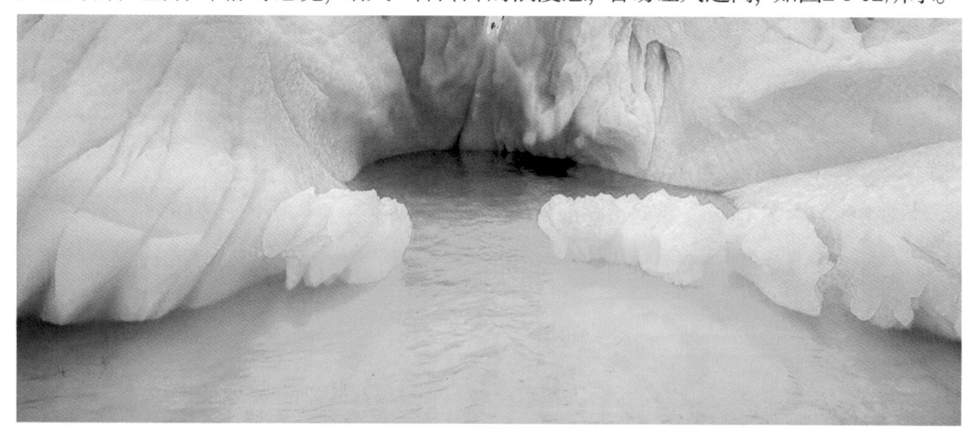

图2-1-02

2. 色彩的轻重感

轻重感主要与色彩的明度有关，明度高的色彩会使人联想到蓝天、白云、彩霞及许多花卉，还有棉花、羊毛等，产生轻柔、飘浮、上升、敏捷、灵活等感觉，如图2 1 03所示。

图2-1-03

明度低的色彩易使人联想钢铁，大理石等物品，产生沉重、稳定、下降等感觉，如图2-1-04所示。

图2-1-04

3. 色彩的软硬感

软硬感主要也来自色彩的明度，但与纯度亦有一定的关系。明度越高感觉越软，明度越低则感觉越硬，但白色反而软感略高。明度高、纯度低的色彩有软的感觉，中纯度的色彩也呈柔感，因为它们易使人联想起骆驼、狐狸、猫、狗等好多动物的皮毛、还有毛呢、绒织物等，如图2-1-05所示。

图2-1-05

高纯度和低纯度的色彩都呈硬感，如果它们的明度又低则硬感更明显。色相与色彩的软、硬感几乎无关，如图2-1-06所示。

图2-1-06

4. 色彩的前后感

各种不同波长的色彩在人眼视网膜上的成像有前后，红、橙等光波长的色彩在后面成像，感觉比较迫近，蓝、紫等光波短的色彩则在外侧成像，在同样距离内会有后退的感觉。实际上这是视错觉的一种现象，一般暖色、纯色、高明度色、强烈对比色、大面积色、集中色等有前进的感觉。冷色、浊色、低明度色、弱对比色、小面积色、分散色等有后退的感觉，如图2-1-07所示。

5. 色彩的大小感

由于色彩有前后的感觉，因此暖色、高明度颜色等有扩大、膨胀感；冷色、低明度色等有缩小、收缩感，如图2-1-08所示。

图2-1-07

图2-1-08

6. 色彩的华丽质朴感

色彩的三要素对华丽及质朴感都有影响，其中纯度的影响最大。明度高、纯度高的色彩，丰富、强对比的色彩会感觉华丽、辉煌，如图2-1-09所示。

图2-1-09

明度低、纯度低的色彩，单纯、弱对比的色彩就会感觉质朴、古雅，如图2-1-10所示。

图2-1-10

但无论何种色彩，如果带上光泽，都能获得华丽的效果。

图2-1-11

7. 色彩的活泼庄重感

暖色、高纯度色、丰富多彩色、强对比色给人的感觉是跳跃、活泼、有朝气，如图2-1-11所示。

冷色、低纯度色、低明度给人的色感觉是庄重、严肃，如图2-1-12所示。

图2-1-12

8. 色彩的兴奋与沉静感

对色彩的兴奋与沉静感影响最明显的是色相，红、橙、黄等鲜艳而明亮的色彩给人以兴奋感，如图2-1-13所示。

图2-1-13

蓝、蓝绿、蓝紫等色使人感到沉着、平静，如图2-1-14所示。

图2-1-14

纯度对色彩的兴奋与沉静感的影响也很大，高纯度色有兴奋感，低纯度色有沉静感。对其有最小影响的是明度，暖色系中高明度、高纯度的色彩呈兴奋感，低明度、低纯度的色彩呈沉静感。

色彩的视觉心理虽说是长期以来由色彩在人们心里产生的影响，但正是这些影响决定了我们在调色过程中要遵循的风格和色彩感觉。结合色彩的视觉心理调色，将色彩视觉心理与自己对色彩的感觉融合起来，就会对调色有很大帮助。

2.1.2 色彩性格学

每种色彩都具有其独特的性格，简称色性。它们与人类的生理、心理体验相联系，从而使客观存在的色彩仿佛有了复杂的性格。颜色不同其代表的内容就会有差异，这就是本节主要研究的知识。依据这些色彩所代表的不同含义，就可以调出不同的色调感。这些所谓的风格色调感其实就是色彩本身散发出的性格，因此色彩性格学是调色前必学的知识。

1. 红色

红色的波长最长，具有极强的穿透力，所以感知度高。经常用于警示色，它容易使人联想起冬日初升的太阳、熊熊燃烧的火焰、盛开的花卉等，在人的思维意识中产生温暖、兴奋、活泼、热情、积极、希望、忠诚、健康、充实、饱满、幸福等积极向上的联想。不过在一些特定色环境中也会被认为是幼稚 、原始、暴力、危险、卑俗的象征。

红色在中国传统中是非常吉祥喜庆的颜色，历来受到人们的喜爱，也被称为国色，如图2-1-15所示。

图2-1-15

深红及带紫色的红给人的感觉是庄严、稳重、热情，常用于欢迎贵宾的场合，如图2-1-16所示。

图2-1-16

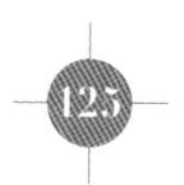

含白的高明度粉红色，则有柔美、甜蜜、梦幻、愉快、幸福、温雅的感觉，成为女性的专用色彩，如图2-1-17所示。

图2-1-17

2. 橙色

橙色与红色同属暖色系，具有红与黄之间的色性，它容易使人联想起燃烧的火焰、昏黄的灯光、光芒四射的霞光、新鲜的水果等事物，是所有色彩中最温暖、最亮的色彩。橙色给人的感觉是活泼、华丽、辉煌、跃动、炽热、温情、甜蜜、愉快、幸福等，但也有疑惑、嫉妒、伪诈等消极倾向性，如图2-1-18所示。

图2-1-18

含灰的橙色也就是咖啡色，含白的橙色为浅橙色，俗称血牙色，与橙色本身都是服装领域中常用的甜美色彩，也是众多消费者，特别是妇女、儿童、青年所喜爱的服装色彩，如图2-1-19所示。

图2-1-19

3. 黄色

黄色是所有色相中明度最高的，它具有轻快、光辉、透明、活泼、光明、辉煌、希望、功名、健康等印象。但黄色过于明亮而显得刺眼，并且与其他颜色相混容易失去其原貌，故也有轻薄、不稳定、变化无常、冷淡等不良含义，如图2-1-20所示。

图2-1-20

含白的淡黄色感觉平和、温柔；含大量淡灰的米色或米白则是很好的休闲自然色，深黄色却另有一种高贵、庄严感。由于黄色极易使人想起许多水果的表皮，因此它能引起富有酸性的食欲感。黄色还被用作安全色，因为它极易被人发现，如室外作业的工作服、安全帽等都是黄色的，如图2-1-21所示。

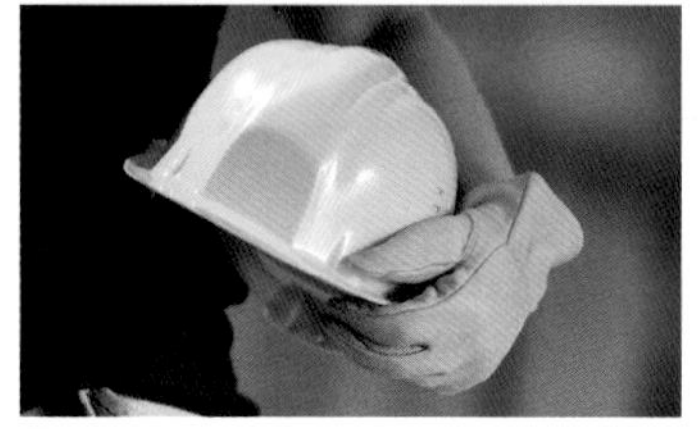
图2-1-21

4. 绿色

在大自然中，除了天空、江河、海洋，绿色所占的面积最大，绿草、绿叶、绿树以及其他植物，几乎到处可见。绿色象征了生命、青春、和平、安详、新鲜等。绿色有消除疲劳、调节功能，最适合人眼注视，如图2-1-22所示。

黄绿带给人们春天的气息，也有生命、诞生的意义，颇受儿童及年轻人的欢迎，如图2-1-23所示。

图2-1-22

图2-1-23

蓝绿、深绿是海洋、森林的色彩，有着深远、稳重、沉着、睿智等意义，如图2-1-24所示。

图2-1-24

含灰的绿，如土绿、橄榄绿、咸菜绿、墨绿等色彩，给人以成熟、老练、深沉的感觉，是人们广泛选用及军、警规定的服装、车辆及武器的颜色，如图2-1-25所示。

图2-1-25

5. 蓝色

蓝色与红色、橙色正好相反，是典型的冷色，具有沉静、冷淡、理智、高深、透明等含义，随着人类对太空的不断探索，它又有了象征高科技的强烈现代感，如图2-1-26所示。

图2-1-26

浅蓝色系明朗而富有青春朝气，为年轻人所钟爱，但也有不够成熟的感觉，如图2-1-27所示。

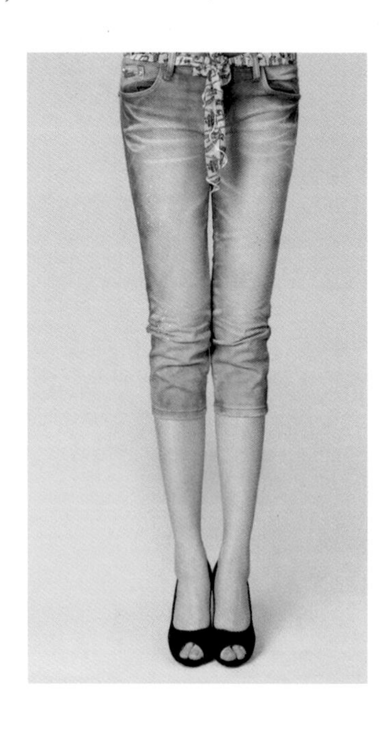

图2-1-27

深蓝色系沉着、稳定，是中年人普遍喜爱的色彩。其中略带暖味的群青色，充满着动人的深邃魅力，藏青则给人以大度、庄重的印象，如图2-1-28所示。

当然，蓝色也有其另一面的性格，如刻板、冷漠、悲哀、恐惧等。

图2-1-28

6. 紫色

紫色具有神秘、高贵、优美、庄重、奢华的气质，有时也给人孤寂、消极的感觉，如图2-1-29所示。

图2-1-29

含浅灰的红紫或蓝紫色，有着类似太空、宇宙色彩的幽雅、神秘、梦幻之时代感，在现代生活中被广泛采用，如图2-1-30所示。

图2-1-30

7. 黑色

黑色为无色相无纯度的颜色，往往给人沉静、神秘、严肃、庄重、含蓄的感觉。另外，也易让人产生悲哀、恐怖、不祥、沉默、消亡、罪恶等消极印象。尽管如此，黑色的组合适应性却极广，无论什么色彩特别是鲜艳的纯色与其相配，都能取得赏心悦目的良好效果，如图2-1-31所示。

但是黑色不能大面积使用，否则不但其魅力大大减弱，还会产生压抑、阴沉的恐怖感，如图2-1-32所示。

图2-1-31

图2-1-32

8. 白色

白色给人的印象有简约、时尚、洁净、光明、纯真、清白、朴素、卫生、恬静等。在它的衬托下，其他色彩会显得更鲜丽、更明朗。白色应用不宜过多，多用白色还可能产生平淡无味的单调、空虚之感，如图2-1-33所示。

9. 灰色

灰色是中性色，其突出的性格为柔和、细致、平稳、朴素、时尚、简单、大方，它不像黑色与白色那样会明显影响其他的色彩。因此，作为背景色彩非常理想。任何色彩都可以和灰色相混合，略有色相感的灰色能给人高雅、细腻、含蓄、稳重、精致、文明而有素养的高档感觉，如图2-1-34所示。当然滥用灰色也易暴露其乏味、寂寞、忧郁、无激情、无兴趣的一面。

图2-1-33

图2-1-34

10. 光泽色

除了金、银等贵金属色以外，所有色彩带上光泽后，都有其华美的特色。金色富丽堂皇，象征荣华富贵，名誉和忠诚，如图2-1-35所示。

银色雅致高贵，象征纯洁、信仰，比金色温和，如图2-1-36所示。

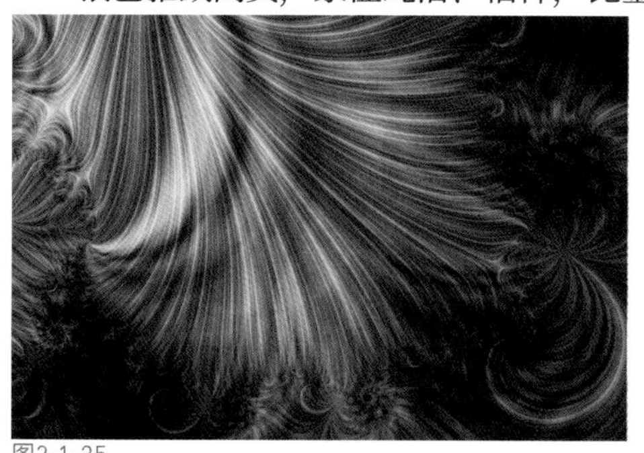

图2-1-35

图2-1-36

金色、银色与其他色彩搭配几乎都能达到万能的效果。小面积点缀，具有醒目、提神的作用，大面积使用则会产生过眩的负面影响，显得浮华而失去稳重感。若巧妙使用、装饰得当、不但能起到画龙点睛的作用，还可产生强烈的高科技现代艺术感。

色彩理论篇包含了色彩产生、属性、对比、视觉心理以及色彩的性格。这些理论在人像调色中会发挥不可小觑的作用。并不是看一遍就能体会其中的精髓，将理论完全融合到实践工作中还需练习很长的时间，但只要你在调色时主动地将这些理论融汇进去，绝对会受益匪浅。调色中的命令用到的是色彩的原色和属性，确定照片风格则用到的是色彩的视觉心理及色彩的性格，调整色彩搭配用到了色彩的对比。

2.2 人像调色风格解析

人像调色在整个人像作品修饰中占据的比例应该在三分之一，前面的三分之一是人像照片的修饰，后面的三分之一就是人像照片的排版设计。既然调色占据了三分之一的比例，其重要性可想而知。一张照片即使修饰得再完美，如果色彩调整不到位，也会成为一幅失败的作品。

色彩在一张人像作品中起到的作用相当于“敲门砖”，因为当人看到一张作品时，首先看到的是色彩，第一眼可能看不出照片的细节修得是否到位，也分不出设计是否时尚，但却能看出色彩是不是令人喜欢的。

这一节主要介绍人像照片调色风格的知识点，讲解该如何分析照片并确定出照片应该调整的风格。也会以实例的形式演示出调色的方式和技巧，从而真正在调色环节做到没有后顾之忧。

2.2.1 如何确立人像照片的调色风格

在人像调色中有难度的地方并不是调色命令的运用，调色命令在多次练习操作后即可掌握。也不是如何调出想要的色彩，熟练运用调色命令后，结合调色命令即可实现想要的色彩。其实最重要的就是确立调色风格，也就是明确调整的目标到底是什么。

1. 什么是调色风格？

调色风格是照片整体色彩的一种感觉。一般情况下根据照片中的内容来确定调色风格。

2. 当下流行的人像照片调色风格

想要准确地确立出照片的调色风格，前提是要了解目前比较流行的风格。人像照片的色彩风格多种多样，但并不是每一种风格都会受到人们的追捧和喜爱。当前人像照片调色风格从画面内容及色彩倾向上可以分为：欧美时尚色调、日韩清新色调、中式复古色调、浪漫温馨色调、仙境梦幻色调、私房性感色调这六大色调系别。当然在这六种色调中还可以分出更多的色彩倾向与风格变化。拿复古色调来讲，就有偏黄的、偏青的、偏绿的。

3. 欧美时尚色调

欧美时尚色调的人像照片在色彩上都以一种低饱和且偏青蓝的感觉体现，能够将画面中那种时尚欧美范儿甚至欧美电影大片的感觉呈现出来。

此种风格的人像照片的修饰很讲究，各处细节处理要到位，处处表现出精致的味道。色彩上一般可以采取减少饱和度及色温的形式实现。比较常见于婚纱及个人写真照片的色调调整，如图2-2-01所示。

图2-2-01

示例演示：欧美时尚色调

1.启动PS软件打开照片图2-2-02，首先看到人物后腰处有几个需要处理掉的夹子。构图看上去也不是很舒服，也需调整。

图2-2-02

2.在工具栏里选择裁切工具，利用裁切工具将照片四周的空间加大（这时最好将工具栏中的背景色设置为白色），这是利用了裁切工具的加法构图法，具体加多大可以根据自己的感觉调整，如图2-2-03所示。

3.加大空间后需要将四周的背景补齐，选择矩形选框工具选择头顶部分背景，利用自由变换直接拉高，补上加出来的白色部分，如图2-2-04所示。

4.用同样的方式将左右两边的部分补充好，如图2-2-05、图2-2-06所示。

图2-2-03

图2-2-04

图2-2-05

图2-2-06

图2-2-07

5.接下来对照片做简单的修饰。新建图层，在工具栏中选择污点修复画笔，设置好以后将人物面部及其他部分明显的颗粒或者发丝修饰干净，如图2-2-07所示。

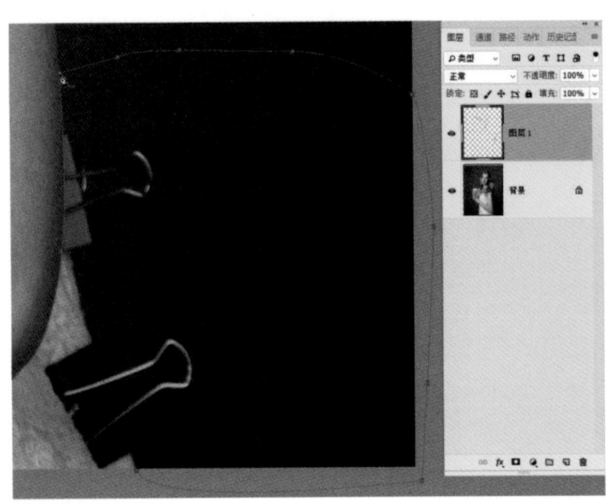

图2-2-08

6.背部的夹子肯定要处理掉，可以先用钢笔工具沿着人物边缘勾选出来，记得右边要多甩开一些空间，如图2-2-08所示。

7.钢笔勾选后的路径是需要转换为选区才可以使用的，按下Ctrl+Enter组合键将路径转换为选区，在选择菜单下打开修改里面的“羽化”，羽化值设置为1像素，如图2-2-09所示。

8.设置好选区以后新建图层，利用仿制图章工具遮盖夹子部分，注意修饰区域的融合效果，如图2-2-10所示。

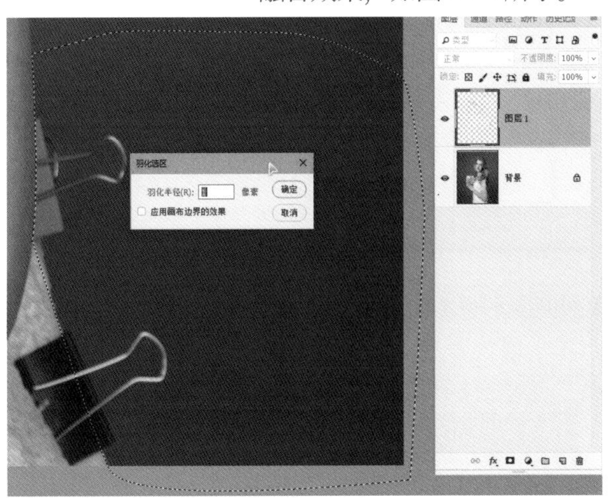

图2-2-09

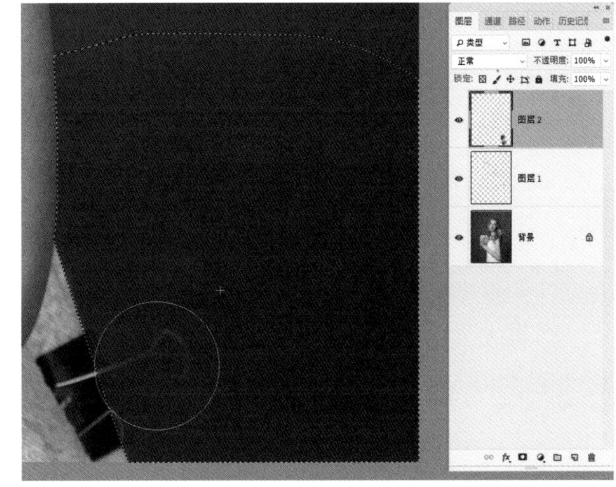

图2-2-10

9.以上步骤修饰好以后还会剩余一部分夹子，这部分夹子也需要用钢笔先做个选区。最好沿着胳膊勾选出来，如图2-2-11所示。

10.转换为选区，羽化值设置为1像素，如图2-2-12所示。

11.在工具栏中选择选区工具，利用选区工具移动做好的选区到肚子区域，然后单击鼠标右键选择变换选区，如图2-2-13所示。

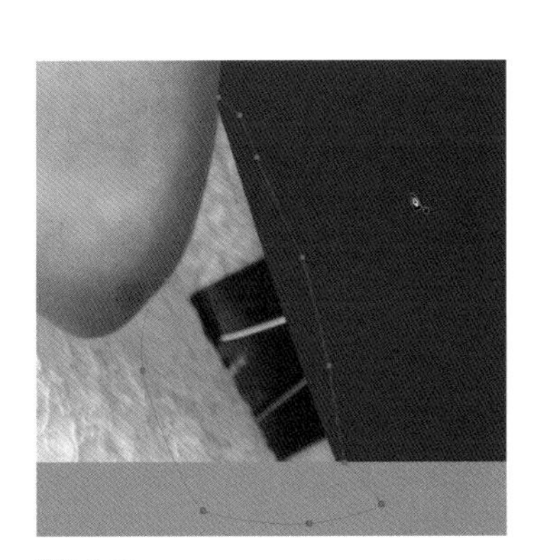

图2-2-11

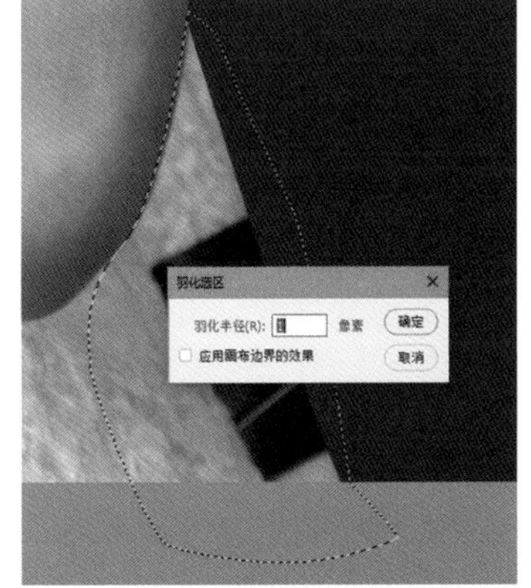

图2-2-12

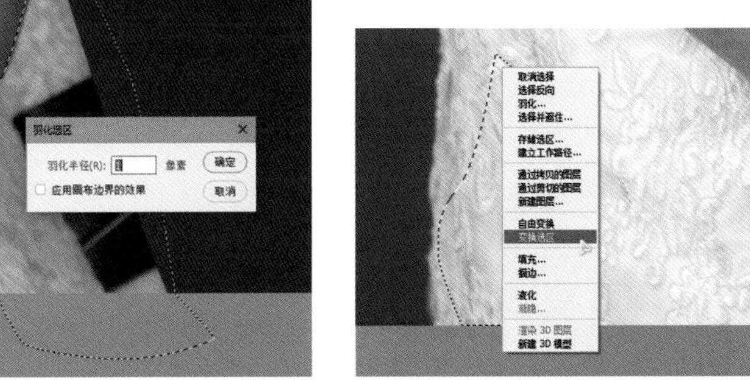

图2-2-13

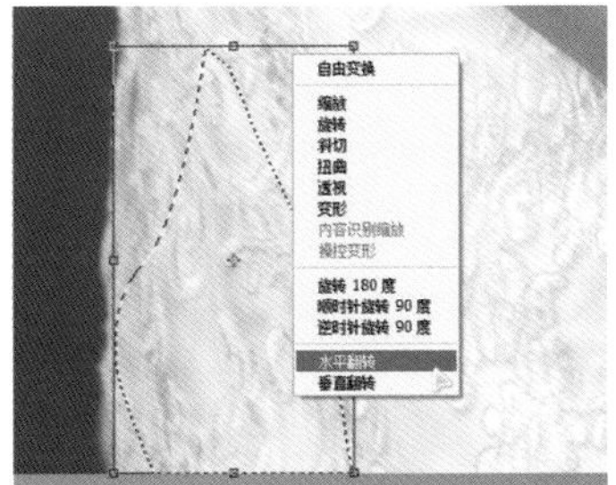

图2-2-14

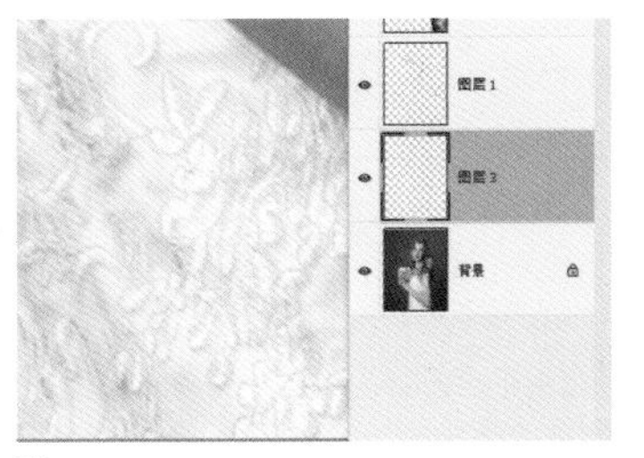

图2-2-15

12.在变换选区下再次单击鼠标右键，选择水平翻转，利用变换选区的方式镜像处理选区，如图2-2-14所示。

13.变换好选区以后，在图层上点选原始图层，将选区选中的部分复制出来(Ctrl+J组合键)，如图2-2-15所示。

14.将复制的图层移动到夹子部分，利用自由变换再次水平翻转过来，对齐边缘，如图2-2-16所示。

15.此时觉得复制出来的部分有点亮，用曲线压低这个图层的明度，这样修补过来的部分就和整体融合了，如图2-2-17所示。

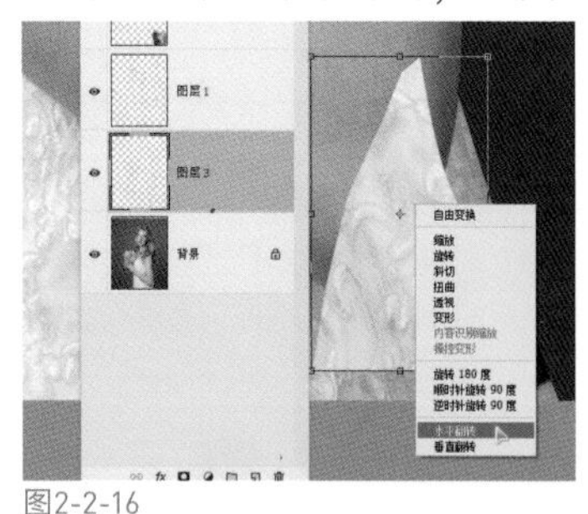

图2-2-16

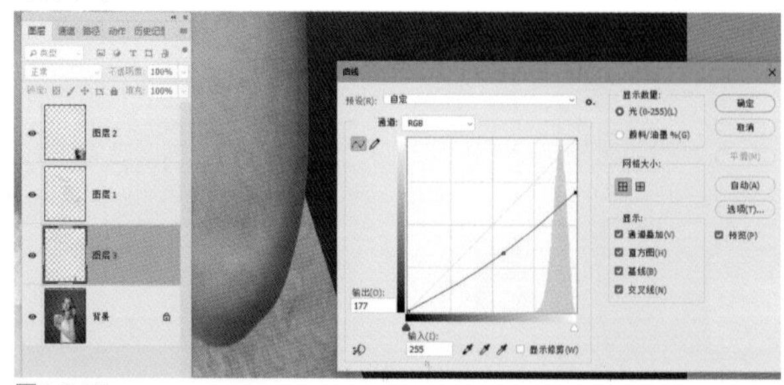

图2-2-17

16.如果边缘还有痕迹，可以使用橡皮工具擦除边缘，如图2-2-18所示。

17.想让照片看上去时尚大气，首先要修饰干净，下点工夫修饰背景。新建图层，利用仿制图章工具将背景部分修饰干净，如图2-2-19所示。

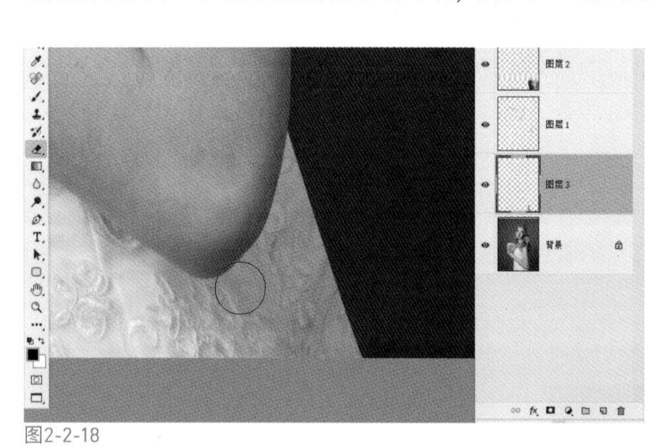

图2-2-18

图2-2-19

18.在修饰的过程中，如果怕修到人物，可以点选原始图层，利用快速选取工具选择背景，但是修饰的时候还需要回到新建的图层，如图2-2-20所示。

图2-2-20

19.背景修饰干净后先对照片整体做色彩明暗的处理，添加曲线调整层，在曲线中直接拉升RGB通道，提亮画面，底点向右移动压暗暗部区域，如图2-2-21所示。

图2-2-21

20. 点开红通道，在红通道中将底点向右移动，给暗部增加青色，如图2-2-22所示。

21. 点开蓝通道，底点向上移动，给暗部增加蓝色，此时背景就已经偏向一种青蓝色调了，如图2-2-23所示。

图2-2-22

图2-2-23

22. 进入快速蒙版，利用画笔涂抹人物部分，以人物面部作为涂抹的重点。此时画笔不透明度可以适当调低，保持涂抹的柔和性，如图2-2-24所示。

23. 退出快速蒙版得到选区，给选区添加曲线调整层，将图像适当提亮并稍稍提高对比度，如图2-2-25所示。

图2-2-24

图2-2-25

图2-2-26

24. 现在已经进入了调色阶段，添加可选颜色调整层，先选择红色，主要为捧花及皮肤部分。对画面中的红色做加红色、加洋红色、加黄色及压暗处理，如图2-2-26所示。

25.选择黄色，主要调整皮肤部分。对画面中的黄色进行加红色、加洋红、加黄色及压暗处理。尽量让皮肤色彩显得厚重、有层次，如图2-2-27所示。

26.选择青色，主要调整背景部分。对青色进行加青色、加洋红、加黄色及压暗处理，让背景的颜色更成熟一些，如图2-2-28所示。

图2-2-27

图2-2-28

27.选择白色，主要调整衣服部分及皮肤亮部，对白色进行加青色、加绿色、加蓝色处理，让皮肤及衣服的白色显得有层次，不至于那么亮，如图2-2-29所示。

28.现在的色调已经接近我们想要的感觉了，不过还有细节需进一步处理。再次添加曲线调整层，进入蓝通道，将顶点和底点做反相调整，增加暗部的蓝色调和亮部的暖色调，如图2-2-30所示。

图2-2-29

图2-2-30

图2-2-31

29.进入绿通道，向左移动顶点来增加亮部绿色，向右移动底点增加暗部的洋红色调，如图2-2-31所示。

30.接下来要对照片的纯度做处理，直接添加“色相/饱和度”调整层，对全图做降低饱和度的处理，微调色相，如图2-2-32所示。

31.选定红色，提升画面中包含红色的部分的饱和度，让捧花变得鲜艳一些，如图2-2-33所示。

图2-2-32

图2-2-33

32.选定黄色，对黄色进行降低饱和度的处理，主要针对的是皮肤的色彩，如图2-2-34所示。

33.至此色彩就调整得差不多了，还要对形体外轮廓做调整，盖印图层后直接在滤镜中打开液化命令，如图2-2-35所示。

图2-2-34

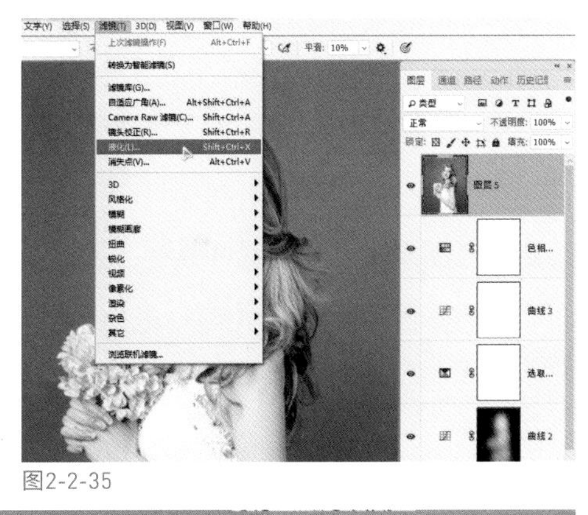

图2-2-35

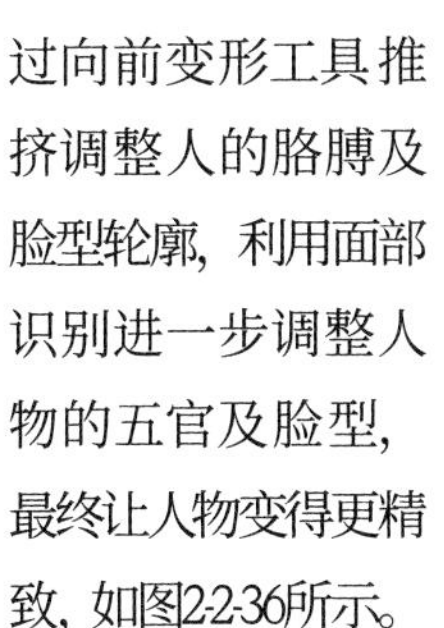

34.在液化中通过向前变形工具推挤调整人的胳膊及脸型轮廓，利用面部识别进一步调整人物的五官及脸型，最终让人物变得更精致，如图2-2-36所示。

图2-2-36

35.最后对人物皮肤细节做修饰，可以先用ACR滤镜做柔肤处理。在滤镜里打开Camera Raw滤镜，将清晰度选项向左调整，调整力度不要太大，只要皮肤变得柔和光滑即可，如图2-2-37所示。

图2-2-37

36.在柔肤的过程中，人物的头发部分也被做了柔化，这样质感会有“肉肉”的效果，进入历史记录面板，将画笔源点到柔肤之前的一个记录，如图2-2-38所示。

图2-2-38

37.利用历史记录画笔涂抹头发部分，将头发部分回复到原始效果，如图2-2-39所示。

38.再次新建一个图层，选定仿制图章工具，设置好其属性后对人物皮肤进行精修，如图2-2-40所示。

图2-2-39

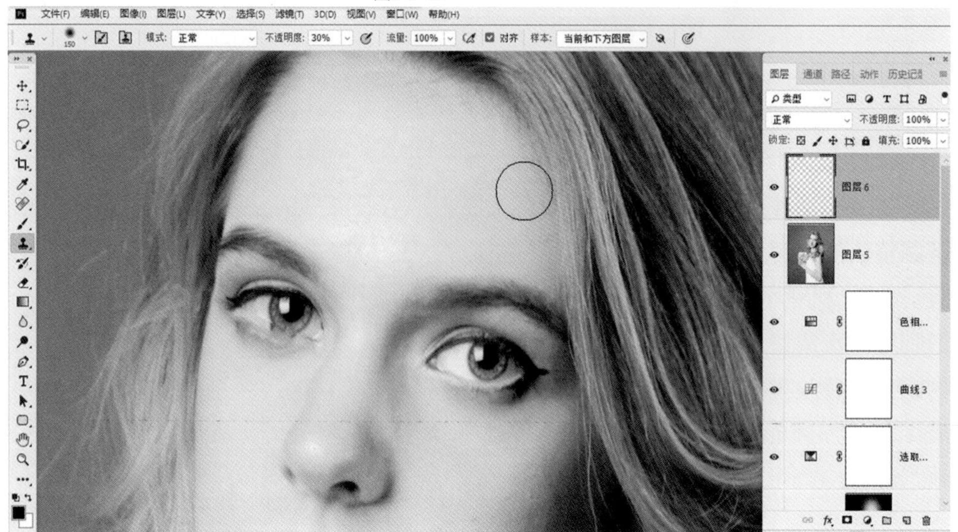

图2-2-40

图2-2-41

39.修饰好以后如果发现修饰得太过柔和，可以适当减少一些新建的图层不透明度，这样可以恢复部分人物的质感，如图2-2-41所示。

图2-2-42

40.终于完成这张照片的修饰了，如图2-2-42所示。照片修饰的步骤比较多，但思路是清晰的。不要去刻意模仿每一步骤，这些步骤只适合修饰这张照片，要具体照片具体操作。

4. 日韩清新色调

日韩清新色调包含两种色调风格：一种是日系风格，另一种是韩式风格。

日系风格普遍偏暖色，而且带有逆光感的居多，以一种淡雅清新的色彩呈现。年轻漂亮女孩子的写真照片中经常会使用日系风格，如图2-2-43所示。

图2-2-43

韩式风格基本以冷色为基调，大部分都透露出一种较冷的色彩倾向。尤其是暗部区域，冷颜色比较夸张，也可以带有光晕效果，只是以冷色为主。在婚纱摄影和个人写真常使用这种风格。韩式风格是一种清新的风格，与日系风格相比在色调冷暖上有反差感，如图2-2-44所示。

图2-2-44

(1)实例演示:日系清新风格调色

1.直接启动软件将需要调整的照片图2-2-45打开，可以明显看出照片色彩偏暖，照片中人物有些偏暗。虽然最后调整的目标是带有些暖意的色调，但是在前面最好将照片的色彩校准为正常色彩。

图2-2-45

2.直接在图层下方的调整层中添加曲线调整层，用曲线将整个照片提亮，并添加一些对比效果，如图2-2-46所示。

图2-2-46

3.整体添加“色相/饱和度”调整层，先选择红色，降低红色的饱和度，适当减少人物的红色，如图2-2-47所示。

图2-2-47

4.接着选择黄色进行降低饱和度的调整，适当减少人物皮肤中的黄色，如图2-2-48所示。

5.接下来对照片的层次做处理，先通过快速蒙版建立选区，进行局部调整。进入快速蒙版后，用画笔涂抹人物部分，涂抹的时候以人物面部为主要涂抹区域，如图2-2-49所示。

图2-2-48

图2-2-49

6.退出快速蒙版即可得到选区，点击图层面板下方的调整层按钮，选择曲线调整层，如图2-2-50所示。

7.在添加的曲线调整层中将对角线的中间部分向上提，提亮所选区域，顺便可以压低一下暗部，稍微增加对比度，如图2-2-51所示。

图2-2-50

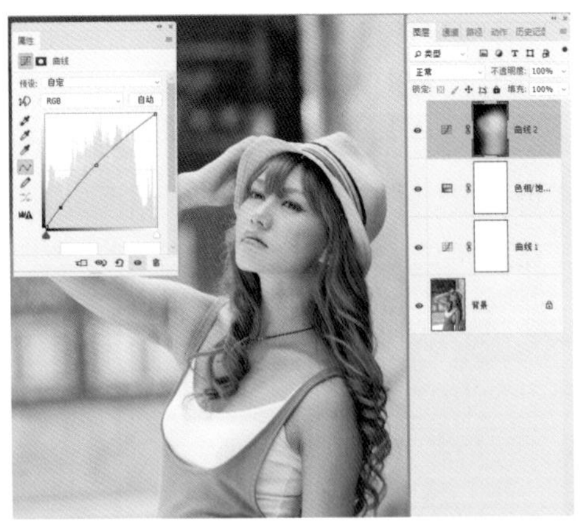

图2-2-51

8.再次进入快速蒙版，利用画笔涂抹人物的左边肩膀及胳膊部分，涂抹的时候要注意与四周融合的效果，如图2-2-52所示。

图2-2-52

9.退出快速蒙版后得到选区，给选中部分添加曲线调整层，在曲线中对选中部分做提亮处理，不过提亮的程度非常微弱，如图2-2-53所示。

图2-2-53

图2-2-54

10.进入快速蒙版，用画笔涂抹人物以外的四周部分，涂抹的时候越靠近外部边缘的地方涂抹的次数越多，这样外围的选区会更明显一些，如图2-2-54所示。

11. 退出快速蒙版得到选区，直接添加曲线调整层，压暗选中的外围部分，这样做主要是为了突出人物，如图2-2-55所示。

12. 开始调整色彩了，调整的是整个画面中所看到的明显的色彩。先选择可选颜色中的红色，此处选择红色是为了调整人物的皮肤，对红色进行加红色、加洋红、加蓝色及提亮的处理，如图2-2-56所示。

图2-2-55

图2-2-56

13. 处理好红色以后选择黄色进行处理，调整的还是皮肤的色彩。对黄色做加红色、加洋红、加蓝色及提亮操作，如图2-2-57所示。

14. 选择青色，要处理的是人物的衣服。给青色做加青色、加洋红、加蓝色及提亮处理，让人物的衣服颜色变得更深一些，如图2-2-58所示。

图2-2-57

图2-2-58

15. 选择白色处理，主要处理的是画面中所有高光区域，加青色、加绿色、加黄色，并提亮，让高光区域中也稍微带有一些色彩，这样看上去层次会丰富一些，如图2-2-59所示。

16. 至此基本的色彩就调整得差不多了，接下来可以为照片添加一个光晕效果，利用光晕来调整出偏暖的日系色彩。光晕是需要单独制作的，先新建一个文件，最好建立一个正方形的文件，具体参数如图2-2-60所示。

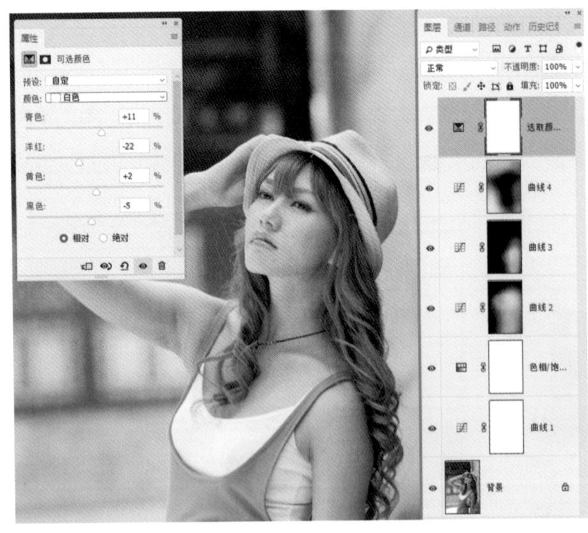

图2-2-59

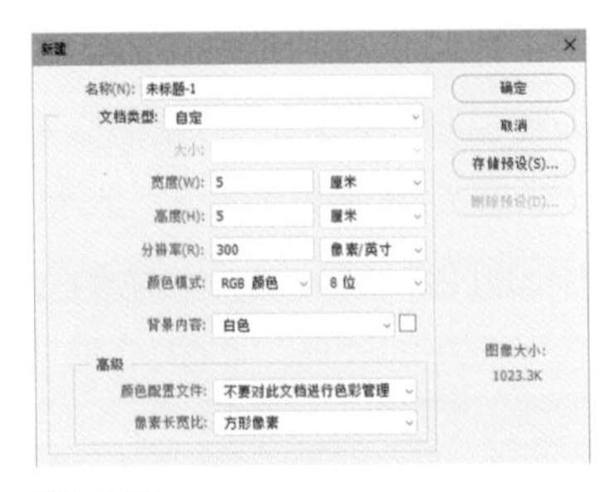

图2-2-60

17.建立好文件后，将文件背景的白色变成黑色，可以填充黑色，也可以直接反相（用Ctrl+I组合键）。背景变为黑色后在滤镜菜单下的渲染里选择镜头光晕，如图2-2-61所示。

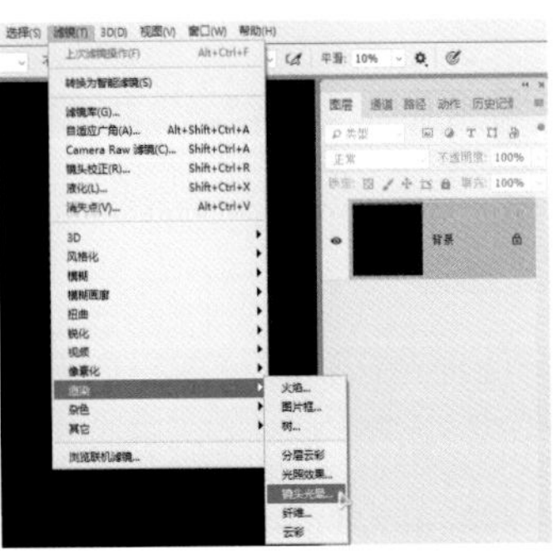

图2-2-61

图2-2-62

18.在渲染命令中将发光点拖曳到中心点位置，其余部分保持默认状态，如图2-2-62所示。

19.出现光晕后先利用滤镜菜单下“模糊”里面的“高斯模糊”进行柔化处理，调整模糊半径，直到光晕的光圈及放射的光线消失，但要保持中心的亮点依然存在，如图2-2-63所示。

20.这样做出的光晕色彩不鲜艳，直接在图像菜单下调整里打开色相饱和度命令，将饱和度拉到最高，让光晕色彩变得鲜艳，如图2-2-64所示。

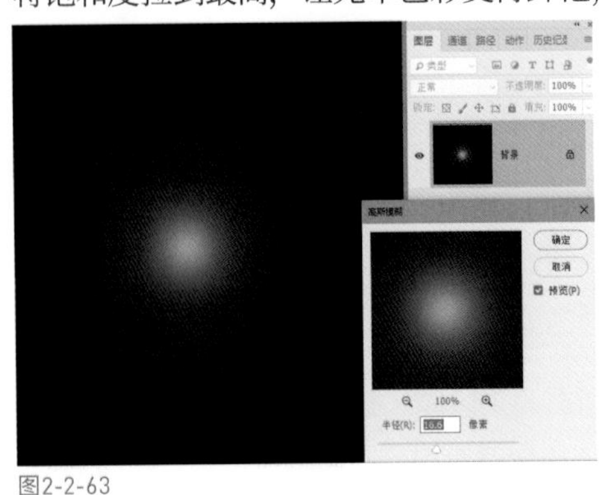

图2-2-63

图2-2-64

21.此时可以保存这个光晕保存，因为后面很多调色都会用到。保存的时候选择JPG格式，如图2-2-65所示。

22.光晕文件保存后，将制作的光晕利用移动工具拖曳到人像照片中，并在编辑菜单下打开自由变换命令，如图2-2-66所示。

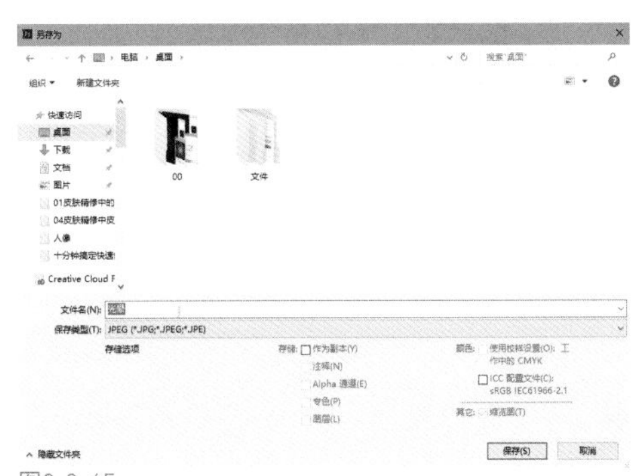
图2-2-65

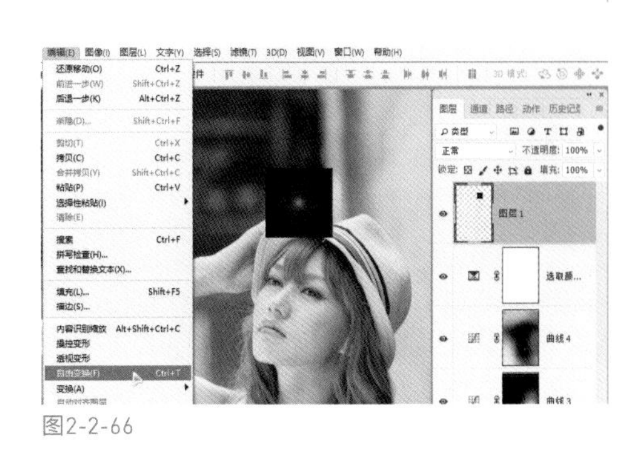
图2-2-66

23.利用自由变换将光晕图层放大，放大到光晕中的色彩能遮盖照片的大部分即可，如图2-2-67所示。

24.大小处理好以后，在图层混合模式中选择滤色模式，过滤掉光晕图层中的黑底，如图2-2-68所示。

图2-2-67

图2-2-68

25.去除黑底后就可以看到人像照片中出现了一层炫光效果，如果觉得色彩比较重，可以适当调整光晕图层的不透明度，如图2-2-69所示。

26.如果觉得这个光晕的色彩不合适，可以在图像菜单下的调整里打开“色相/饱和度”命令，调整色相和饱和度，可以让光晕变换各种色彩，如图2-2-70所示。

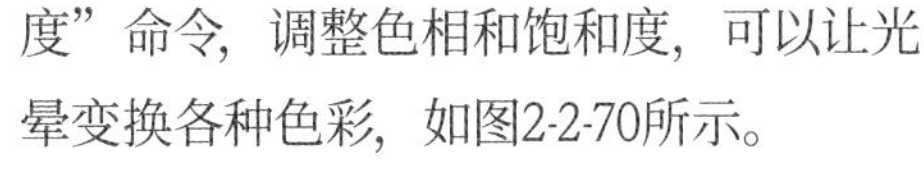

图2-2-69

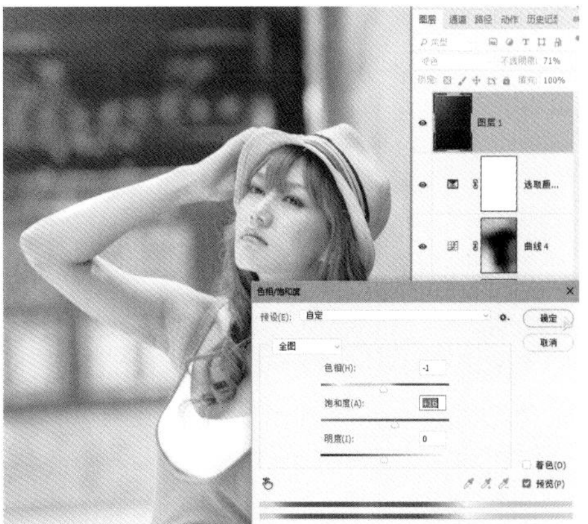
图2-2-70

27.对于整体色彩来讲，现在基本已是日系风格，不过还有些细节的色彩不是很好。在最上层给照片整体添加曲线调整层，进入蓝通道，将底点向上拉动，增加照片中暗部的颜色，如图2-2-71所示。

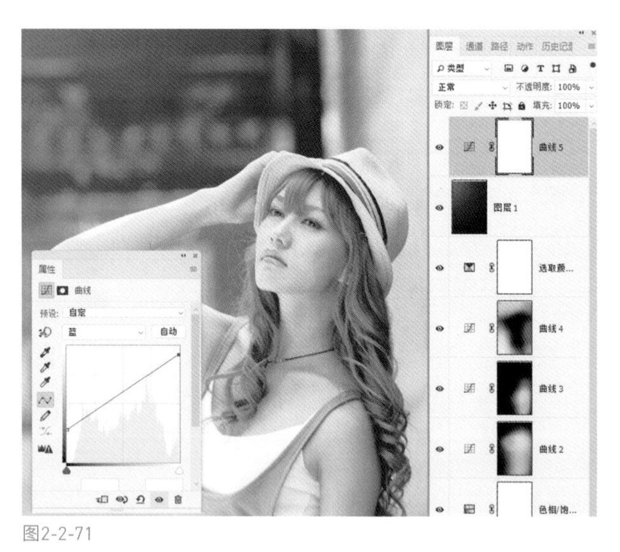
图2-2-71

28.开始对人物修图，新建图层，利用污点修复画笔工具去除人物面部的明显颗粒，如图2-2-72所示。

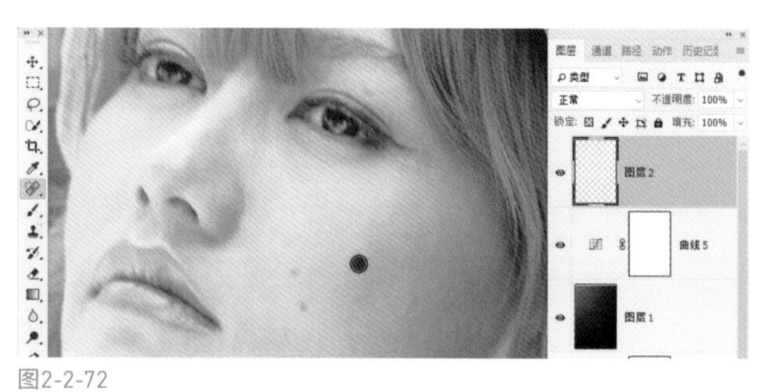
图2-2-72

29.去除明显颗粒后，盖印图层。盖印后直接在滤镜下打开Camera Raw滤镜，如图2-2-73所示。

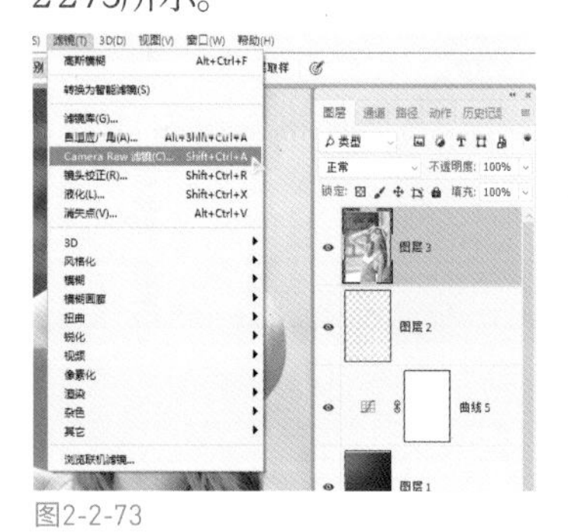
图2-2-73

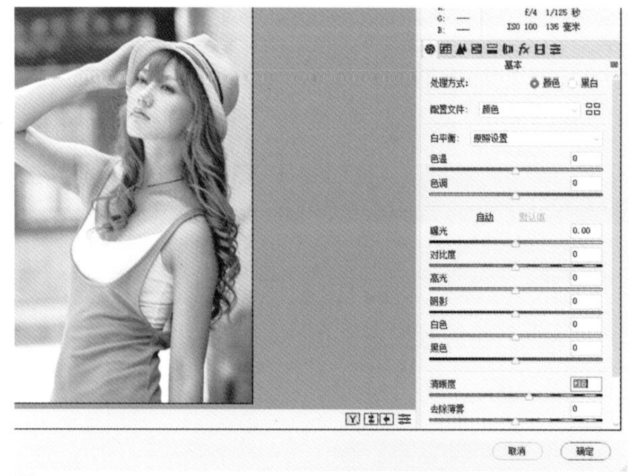
图2-2-74

30.在滤镜中主要调整清晰度，让照片质感看上去更清晰，如图2-2-74所示。

31.最后就是皮肤修饰环节。新建图层，利用仿制图章工具将人物皮肤修饰干净，修饰好以后可以利用图层不透明度控制细节和质感，如图2-2-75所示。

图2-2-75

图2-2-76

32.最后添加“色相/饱和度”命令，稍微修改色彩的纯度，如图2-2-76所示。

33.照片的整个修饰流程结束，洋溢着暖洋洋的感觉，这就是日系风格的人像色调，如图2-2-77所示。

图2-2-77

(2)实例演示:韩系清新风格调色

1.在PS中打开人像照片图2-2-78,照片的构图没有什么问题,可以不调整构图。但画面的整体明暗效果是需要调整的,人物的皮肤也需要做比较精致的修饰。

2.先对明暗做处理,添加曲线调整层,在RGB通道中将曲线向斜上方提拉,但是要注意观察画面的变化,切勿过亮,如图2-2-79所示。

图2-2-78

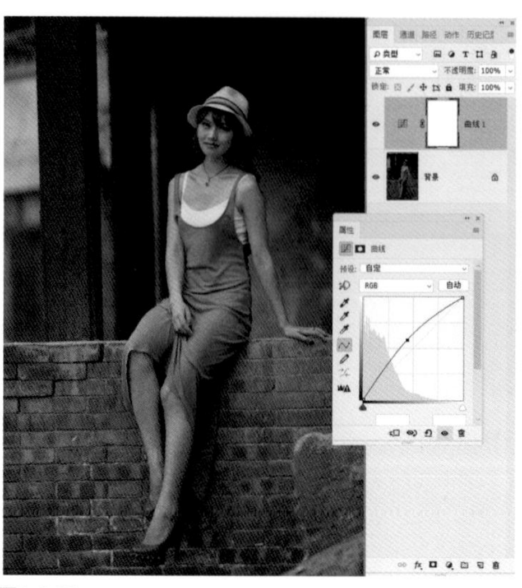

图2-2-79

3.提亮照片后会发现照片带有一些偏黄色的感觉,需要适当校准。在前面的曲线中直接调取蓝通道,在蓝通道中将曲线稍稍向斜上方提升,如图2-2-80所示。

4.红色也要减少一些,调取红通道,将曲线向斜下方压一点,如图2-2-81所示。

图2-2-80

图2-2-81

5.接下来做局部处理,只要接触到局部就要使用快速蒙版。按Q键进入快速蒙版,利用画笔涂抹人物部分,可以使用大笔圈,如图2-2-82所示。

6.涂抹后按Q键退出快速蒙版得到选区,在图层下方的调整层按钮里打开曲线调整层,如图2-2-83所示。

图2-2-82

图2-2-83

7.在曲线调整层中给选中的部分做提亮处理，这一步主要是让人物在画面中显得更突出一些，要注意调整的幅度不要过大，如图2-2-84所示。

8.再次进入快速蒙版，使用画笔工具涂抹人物部分，这次涂抹的不再是整个人物，而是人物的面部和腿部，这两个部分颜色有点重，如图2-2-85所示。

图2-2-84

图2-2-85

9.涂抹后退出快速蒙版得到选区，给选区部分添加曲线调整层，如图2-2-86所示。

10.利用曲线提升明度，让面部和腿部的明度亮起来，与整个人物统一，如图2-2-87所示。

图2-2-86

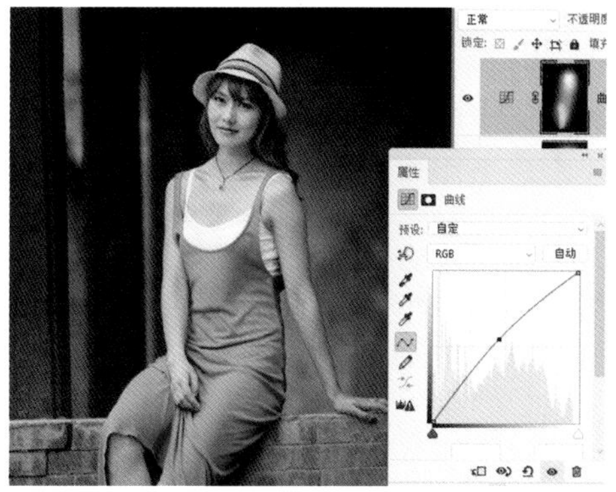

图2-2-87

11.调取蓝通道，适当提升曲线，减少一些黄色，如图2-2-88所示。

12.接下来利用快速蒙版选择背景部分，使用画笔涂抹背景。涂抹的时候注意过渡要均匀，越靠近边缘的部分涂抹的次数越多，如图2-2-89所示。

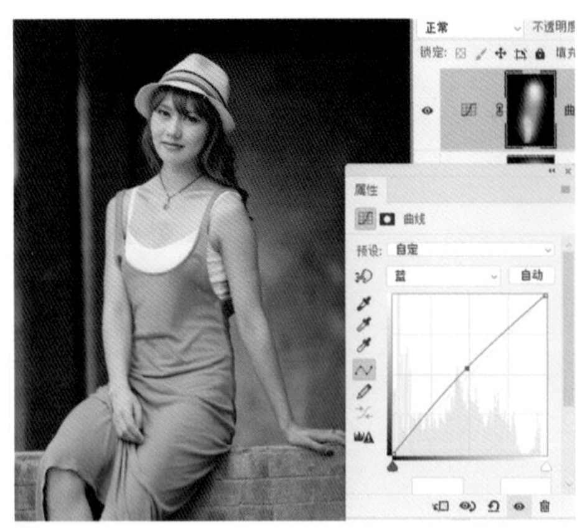

图2-2-88

图2-2-89

13.退出快速蒙版得到选区，然后添加曲线调整层，如图2-2-90所示。

14.在曲线中适当压暗选中部分，压暗四周背景强化人物是人像照片层次调整中最常用的一种手法，如图2-2-91所示。

图2-2-90

图2-2-91

15.不加选区再次添加曲线调整层，调整整个画面的色彩，先调取蓝通道，在蓝通道中将底点直接向上拖曳，此时给照片中的暗部区域加上了一层淡淡的蓝色。将顶点向下拖曳，让画面中的亮色带有一些暖暖的效果，如图2-2-92所示。

图2-2-92

16.进入绿通道，向上稍微提拉曲线底点，给画面的暗部区域稍加绿色。这样照片就暂时有了一点韩式风格，如图2-2-93所示。

17.接下来就要将光晕添加进来，前面制作日系风格的时候已经保存好了一个光晕文件，打开后直接利用移动工具将光晕拖曳到人像照片中，利用自由变换将其放大到合适大小。然后将光晕图层的混合模式修改为滤色模式，将黑的底色去除，如图2-2-94所示。

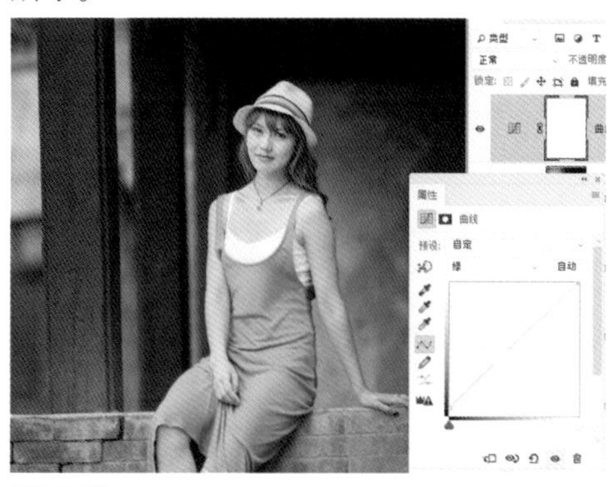
图2-2-93

图2-2-94

18.光晕色彩属于暖色，不符合韩式风格的要求。在图像菜单下打开调整里的“色相/饱和度”命令，直接调整色相，让光晕色彩偏向冷色，如图2-2-95所示。

19.如果觉得光晕色彩太强烈，可以修改光晕图层的不透明度，可根据自己的感觉调整，如图2-2-96所示。

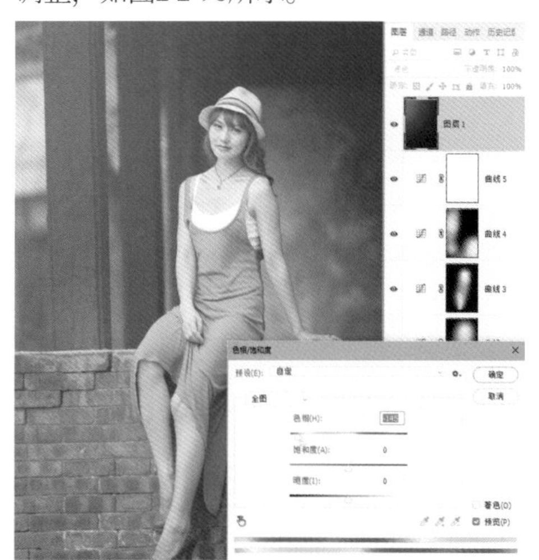
图2-2-95

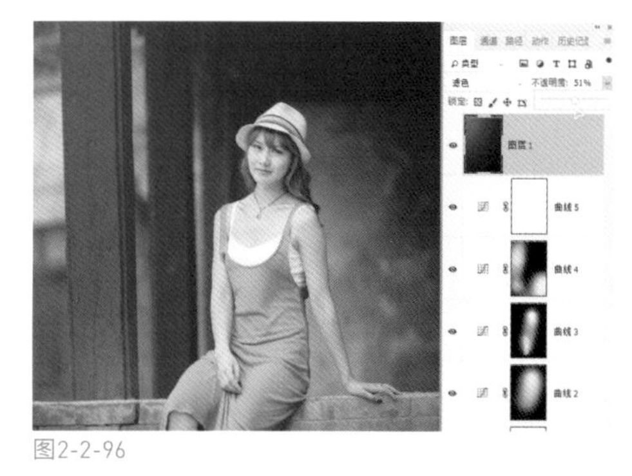
图2-2-96

20.给照片添加可选颜色调整层，调整画面中色彩的细节。选择红色进行加红色、加绿色、加黄色及提亮操作，如图2-2-97所示。

图2-2-97

21.选择青色，调整背景与人物服装的颜色。对青色进行加青色、加洋红、加蓝色及压重操作，让背景和服装的青色更厚重，如图2-2-98所示。

22.选定蓝色，对蓝色进行加青色、加蓝色及压重操作，这样衣服与背景的色彩会变得更冷，更适合韩式风格，如图2-2-99所示。

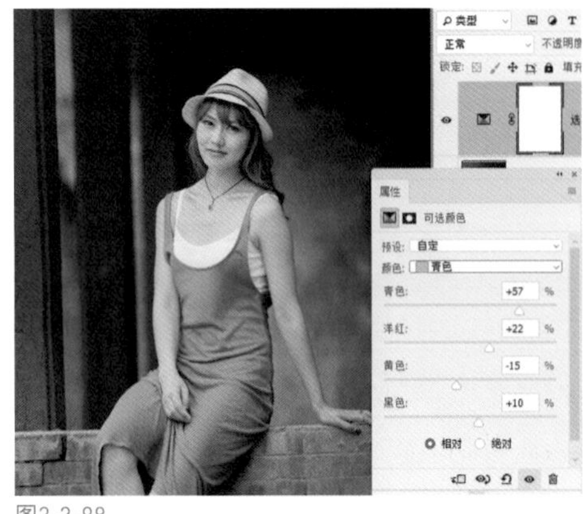

图2-2-98

图2-2-99

23.选定白色，进行加红色、加绿色、加黄色及提亮操作，让画面中的亮色中带有一些暖意，也让色彩层次更丰富，如图2-2-100所示。

图2-2-100

24.接着对人物的皮肤及形体进行处理。盖印图层后直接进入滤镜菜单下的Camera Raw滤镜，直接将清晰度降低，柔化皮肤，这样后面修图会比较方便，如图2-2-101所示。

图2-2-101

25. 接着处理面部及五官。进入液化滤镜，先用向前变形工具调整脸部的外形。再用面部识别功能处理好五官，根据自己的感觉调整即可，喜欢大眼睛就放大一点，喜欢瓜子脸就收缩得多一些，如图2-2-102所示。

图2-2-102

26. 开始修饰皮肤，新建一个图层，利用污点修复画笔修除皮肤中比较明显的污点，如图2-2-103所示。

27. 再次添加一个图层，使用仿制图章对皮肤进行详细修饰，注意结构及光影过渡变化，如图2-2-104所示。

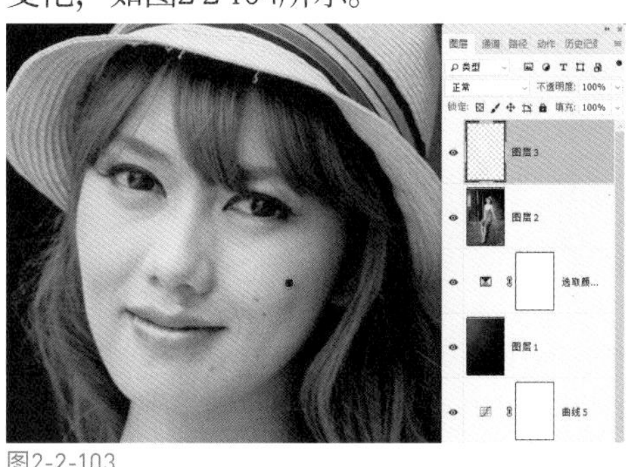
图2-2-103

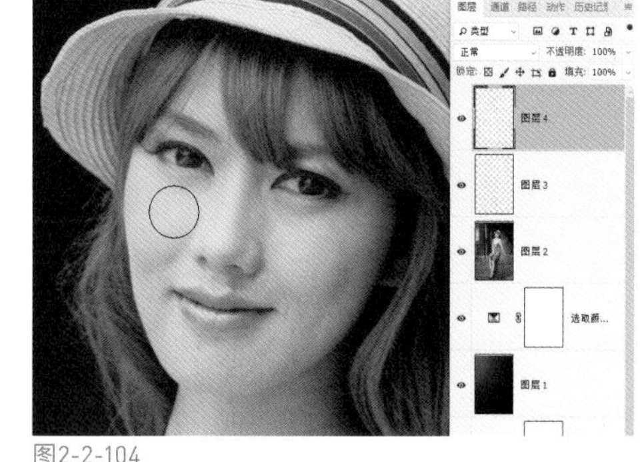
图2-2-104

28. 修饰完皮肤后，如果觉得修饰得过多，质感丢失太多，可以直接减少该图层的不透明度，如图2-2-105所示。

29. 最后给整体添加曲线调整层，稍微压暗暗部，让暗部显得厚重一些，如图2-2-106所示。

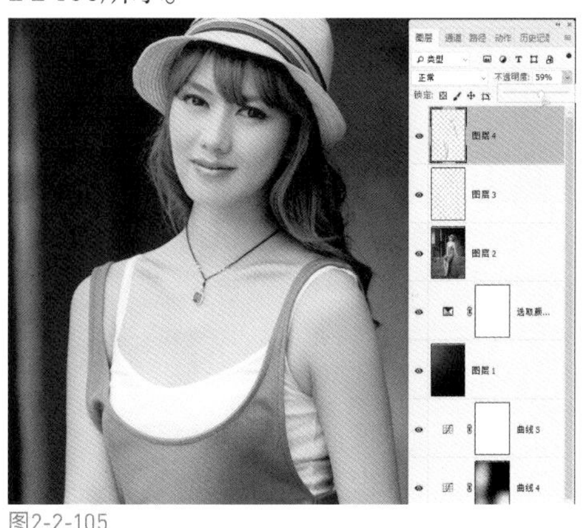
图2-2-105

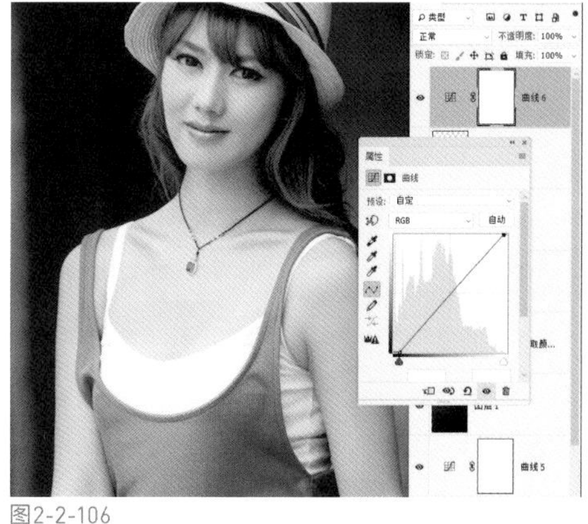
图2-2-106

30. 处理完成后整个画面倾向一种时尚的青蓝色调，这就是我们需要的韩式风格人像，如图2-2-107所示。

图2-2-107

5. 中式复古色调

中式复古色调是怀旧的一种体现，要将色调调整成偏黄、偏绿等古老陈旧的色调，画面中自然流露出一种历史的沧桑感。这样的色调会让照片更具年代感及怀旧氛围，是很多人喜欢的一种怀旧色彩。

通常情况下复古的照片本身就具有复古元素，如旗袍装人像、唐装人像、五四学生装人像等。每一种不同的人像都能够表现出当时那个年代的特色，渲染的色彩会让照片穿越到那个年代。

调整复古色调时要从影调及色调两个方面入手：影调上采用偏暗的效果，一般可以采取压暗四周的方式；色彩上采取低饱和度、偏黄及暖绿的形式，如图2-2-108所示。

图2-2-108

实例演示：中式复古色调

图2-2-109

1. 打开需要调整的照片图2-2-109，照片拍摄于铁丝网前，铁丝网斑驳的伤痕与铁路容易让人怀念起过去的一段历史，这张照片非常适合调整成怀旧风格。

2.先对照片中的人物做皮肤柔化。可直接在PS软件中使用Camera Raw滤镜解决，同时也可以对照片的明暗及对比做适当调整。加了一点点曝光值，减弱了对比度，暗部细节都做了清晰处理。减弱了高光和白色，让亮部看上去层次更丰富。皮肤柔化处理直接降低了清晰度，这样照片看上去更柔和，皮肤也显得干净一些，如图2-2-110所示。

图2-2-110

3.完成基本的调整好以后，就需要进行局部处理了，人物在整个画面中占据主导地位，但是人物并不突出。进入快速蒙版，设置好画笔属性。利用画笔涂抹人物部分，涂抹的时候要以面部为主要涂抹对象，尽量从大到小依次使用笔圈，如图2-2-111所示。

图2-2-111

4.涂抹好以后按Q键退出快速蒙版得到选区，在图层面板下方点开调整层按钮，添加曲线调整层，如图2-2-112所示。

5.此次添加的曲线调整层是为了提升选中的人物明度，注意不能过度提升，稍稍提亮，有变化即可，如图2-2-113所示。

图2-2-112

图2-2-113

6.再次进入快速蒙版，利用画笔涂抹除人物以外的部分，越靠近外围涂抹次数越多，并且要注意涂抹的融合度，如图2-2-114所示。

图2-2-114

7.涂抹好以后按Q键退出快速蒙版得到选区，给选区添加曲线调整层，如图2-2-115所示。

图2-2-115

图2-2-116

8.用这次添加的曲线压暗四周，适当下压曲线，切记不要一次下压太多，注意变化的过渡性，如图2-2-116所示。

9.其实光靠快速蒙版结合压暗曲线并不能快速达到需要的效果，可以尝试渐变压暗的方式。新建一个图层，利用这个图层进行四周渐变压暗，如图2-2-117所示。

10.在工具栏中选择渐变工具，从其属性栏中打开渐变编辑器，选择第二个默认的从黑色到透明的渐变，如图2-2-118所示。

图2-2-117

图2-2-118

图2-2-119

11.编辑好渐变工具，在属性栏中选择线性渐变按钮。从四周向中间拖曳渐变，每次的渐变要很微弱，以免出现生硬过渡的痕迹，如图2-2-119所示。

12.开始调整照片的色彩。先添加一个“色相/饱和度”命令，对整个画面中的图像色彩进行降低饱和度的处理，如图2-2-120所示。

图2-2-120

13.调整整个画面的色彩，调整方向为怀旧风格色调。为照片整体添加曲线调整层，先进入红通道，将顶点向左、中间和偏下的部分斜角朝上提升，以此来添加画面中明、暗部分各自的色彩倾向，如图2-2-121所示。

14.进入绿通道，此通道中的调整以给亮部加入绿色为主，如图2-2-122所示。

图2-2-121

图2-2-122

15.进入蓝通道，直接压低曲线，使整个画面偏向黄色，如图2-2-123所示。

16.前面的操作完成后，再次添加曲线调整层，这次调整的主要目的就是为画面中暗部加入冷色，亮部加入暖色，这也是常用的一种调色方式，如图2-2-124所示。

图2-2-123

图2-2-124

17.在最上层盖印一个图层2，对此图层进行“滤镜/锐化/USM锐化”处理，数值不需要太高，主要是让画面更清晰，如图2-2-125所示。

图2-2-125

18.锐化后，给盖印的图层添加图层蒙版，利用黑色画笔将人物部分从蒙版中擦出，露出没有锐化的下一层，如图2-2-126所示。

图2-2-126

19.至此，一张怀旧风格色调的人像诞生了，如图2-2-127所示。

图2-2-127

6. 浪漫温馨色调

浪漫温馨色调以一种极具温暖幸福感的色彩呈现，温馨以橙色为主要代表色，浪漫以浅色或者紫色为代表色，尤其是薰衣草的紫色更能表现出浪漫气氛，两者结合即可营造出既浪漫又温馨的感觉。婚纱人像或情侣写真常用这种色调，一些以家庭为背景的生活照也可采用这种色调，如图2-2-128所示。

图2-2-128

浪漫与温馨可以分为两种色调，也可合二为一。无论是分开还是融合都能够给人甜蜜、浪漫、温馨的感觉。在色彩调整中找准一个主色即可，另一个可以作为搭配色。从纯度上分析，此种风格属于正常纯度，可稍偏向低饱和，或者稍偏向高饱和。

实例演示:浪漫温馨色调

1.打开需要调色的照片图2-2-129，照片虽然只拍摄了两个人的局部，但是足以体现照片本身的温馨浪漫感，这样的照片调整为温馨浪漫风格再适合不过了。

图2-2-129

2.原图中的对比和明度都不是很合适，在调色之前最好先调整对比和明度，让照片的明暗及对比达到一个比较合适的程度。直接添加曲线调整层，在曲线总通道中稍微下压，注意暗部可以单独加调节锚点下压一点，让整个画面看上去更具有厚重感，如图2-2-130所示。

3.其实照片中两只手的部分还是显得有些刺眼，采取局部修饰的方式调整，进入快速蒙版，利用较大笔圈的画笔涂抹，涂抹的时候以手为中心，可以多涂抹几次，四周适当减少涂抹次数，这样可以保证出现的选区过渡均匀，如图2-2-131所示。

图2-2-130

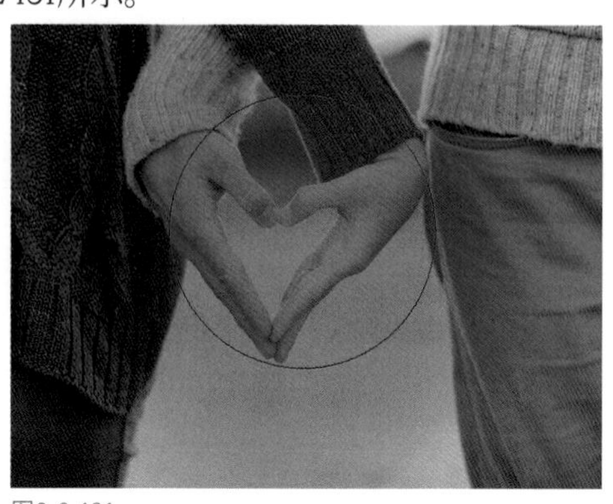

图2-2-131

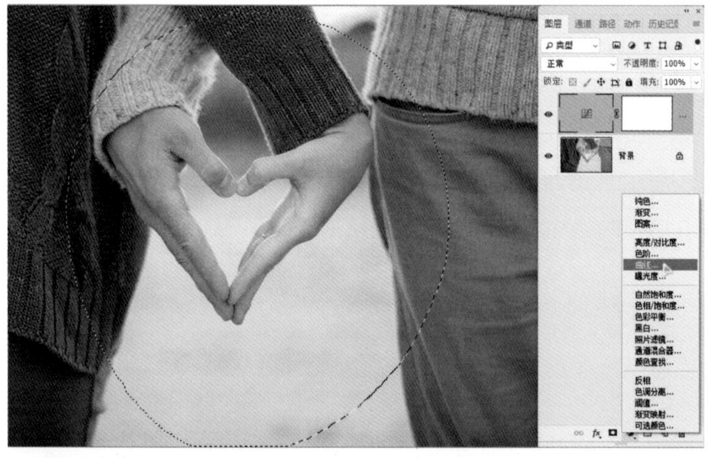

图2-2-132

4.涂抹完毕后退出快速蒙版，得到的选区就是我们想要调整的部分，给选区部分添加曲线调整层，如图2-2-132所示。

图2-2-133

5.在曲线中对选中部分做压暗处理，笔者是分为两个不同明度的部分压暗的，此处根据自己的需要决定操作方式，压暗后先不要着急退出曲线，如图2-2-133所示。

6.切换到红通道，将红通道中的对角线向斜上方提升，使选区中的色彩更红润，如图2-2-134所示。

图2-2-134

7.切换到蓝通道，下压蓝通道曲线，为画面添加温馨的暖色调，如图2-2-135所示。

8.这种风格如果全靠调色烘托会需要一定的时间和调色技巧，我们可以采取直接添加光晕的形式快速完成（在之前中已进行过很多次光晕的制作，如果还不清楚可以翻看前面的内容，在前面的日式风格调色中就有光晕制作教程）。将制作好的光晕拖曳到画面中，通过“混合模式”中的“滤色”去除光晕的黑背景，选择好光晕位置，利用自由变换进行放大，如图2-2-136所示。

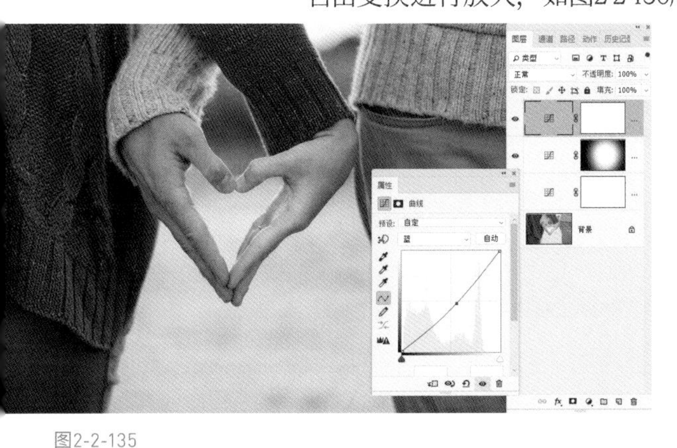

图2-2-135

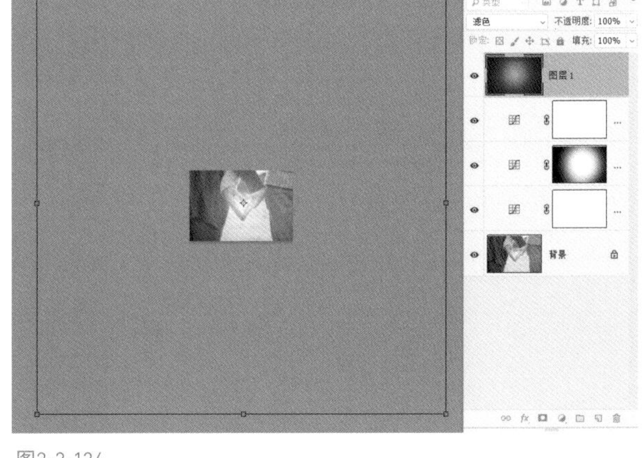

图2-2-136

9.光晕的色彩也许不太合适，如果不合适，打开图像菜单下的“调整”，从中选择“色相/饱和度”命令，利用色相调整光晕颜色，利用饱和度调整光晕鲜艳程度。尽量让光晕显得温暖、柔和，如图2-2-137所示。

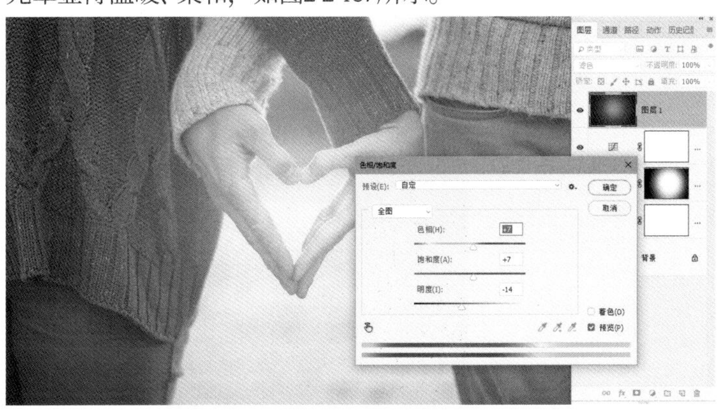

图2-2-137

10.基本色调已符合要求，还需调整一些细节。添加曲线调整层，在曲线中的红通道中将顶点向左移动，给亮色区域加点红色。暗部区域也向上提一些，也加点红色，但是要少加一些，如图2-2-138所示。

图2-2-138

11.进入绿通道，为照片适当添加些绿色，因为浅绿色也属于偏暖的颜色，所以会让照片那种暖意更浓，如图2-2-139所示。

图2-2-139

12.进入蓝通道，降低蓝色，添加黄色，让画面更暖，如图2-2-140所示。

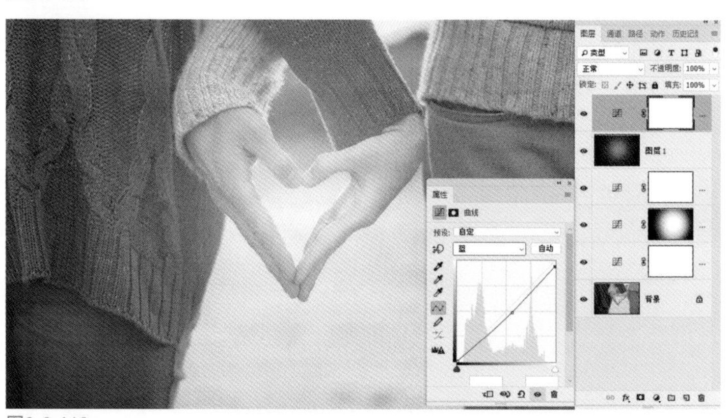

图2-2-140

13.再添加一个曲线调整层，这次调整的是整个画面的明暗，根据自己的感觉处理。对亮部、暗部、中间部分做不同程度的压暗处理，让画面更稳重一些，如图2-2-141所示。

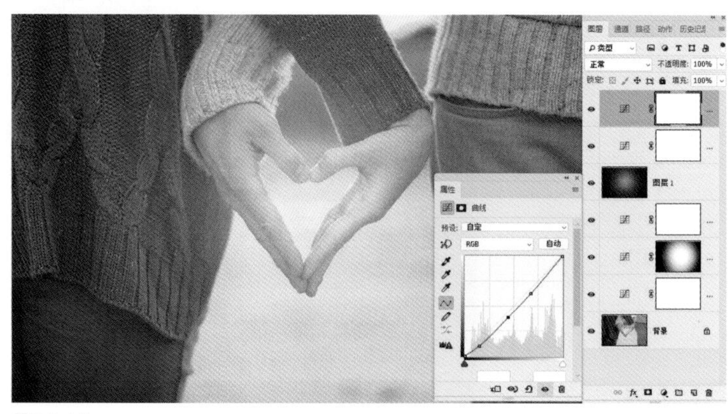

图2-2-141

图2-2-142

14.温馨的感觉越来越强烈，二人世界很浪漫。不过色彩还不到位，添加色彩平衡调整层，选择中间调，做减青色、加绿色、加黄色处理，目的还是为了强化暖色，如图2-2-142所示。

图2-2-143

15.选择“高光”，做加红色、加洋红、加黄色处理，让照片更鲜艳，更温暖，如图2-2-143所示。

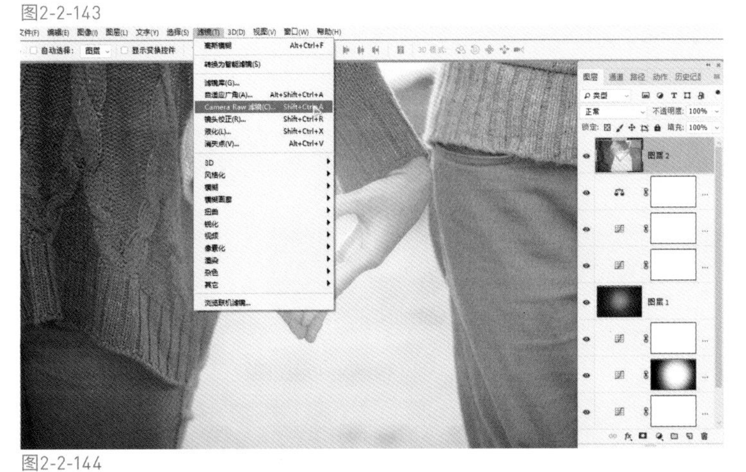

图2-2-144

16.盖印图层，执行滤镜下的ACR命令，如图2-2-144所示。

图2-2-145

17.在ACR中也可以对细节做一些调整，主要目的是柔化照片，让画面有朦胧感，如图2-2-145所示。

18.已经调出温馨浪漫的色调来了，暖暖的画面透露出温馨感，朦胧的炫光带着浪漫感，如图2-2-146所示。

图2-2-146

7. 仙境梦幻色调

仙境梦幻色调是一种让人感觉不真实的色调，是在现实世界中不存在的色调。以一种虚幻朦胧、扑朔迷离的意境展现，让人感觉犹如走入梦境或仙境一般。这种色彩完全靠想象来设计，是摄影后期调色中的一种艺术夸张手法，如图2-2-147所示。

图2-2-147

可以以低饱和度为基本色调表现梦境感，以鲜艳的高饱和度来表现仙境感，这也不绝对，还要根据照片本身的感觉而确定。黄绿色、深蓝色、粉色、紫色等色彩再稍微减少些对比度及饱和度，都会让人产生犹如梦境或仙境的错觉。

有时候也可以在一个色调中既表现梦境的虚幻不真实，又表现仙境的唯美迷幻。两者并没有明显的区分。

如果非要区分两者，可以从鲜艳程度上区分，两个色调都可以单独成立，单独调整。不过在本教程中笔者将两种色调进行融合处理，这并不矛盾，只是介绍这种类似色调的调整方式及思路。这两者本就同属一种色调，因为它们有极其相似的特征。

实例演示：仙境梦幻色调

1.打开需要调整的照片，这对情侣好幸福啊，先“羡慕嫉妒恨”一下。照片背景中有霓虹光斑，已经很梦幻了。那就让它继续梦幻下去，尽情展开想象来处理，如图2-2-148所示。

图2-2-148

图2-2-149

2.无论调整什么色调，照片层次效果必须到位。先解决这个基本问题，进入快速蒙版，利用画笔工具涂抹人物，主要涂抹面部，多涂抹几次，如图2-2-149所示。

3. 涂抹好后退出快速蒙版得到选区，在图层面板下方打开调整层按钮，添加曲线调整层，如图2-2-150所示。

图2-2-150

4. 在曲线中直接将总通道向上提升，靠近下方的部分往下压一些，这样可以提高选区部分的亮度并强化对比效果，如图2-2-151所示。

图2-2-151

5. 这种梦幻仙境的感觉需要将照片四周变暗，再次进入快速蒙版，使用画笔涂抹四周部分，越靠近外围的部分涂抹次数越多，如图2-2-152所示。

图2-2-152

6. 退出快速蒙版得到选区，在图层面板下方打开调整层中的曲线，添加曲线调整层，如图2-2-153所示。

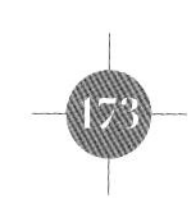

图2-2-153

7.在曲线中直接压暗选中的部分，但是不能压得太暗，如图2-2-154所示。

图2-2-154

8.女士的面部颜色还有点重，使用快速蒙版涂抹女士面部，画笔不需要太大，可以适当多涂抹几次，如图2-2-155所示。

9.退出快速蒙版得到选区，在图层面板下方点开调整层按钮，给选区添加曲线调整层，如图2-2-156所示。

图2-2-155

图2-2-156

10.在曲线中先对总通道进行提升，将面部选区部分提亮一些，如图2-2-157所示。

11.进入红通道，稍微降低一些红色，让女士的皮肤色彩与男士皮肤色彩尽量贴近，如图2-2-158所示。

图2-2-157

图2-2-158

12.进入绿通道，提升绿通道曲线，减少女士皮肤中的洋红色，如图2-2-159所示。

13.进入蓝通道，提升蓝通道曲线，减少女士皮肤中的黄色，如图2-2-160所示。

图2-2-159

图2-2-160

14.接着不做选区，整体对画面进行调整。再次添加曲线调整层，先进入绿通道，提升曲线，给照片整体添加一些淡绿色，如图2-2-161所示。

15.进入蓝通道，降低曲线，为照片加入黄色，与前面的绿色融合达到一种梦幻的黄绿色，如图2-2-162所示。

图2-2-161

图2-2-162

16.再次添加一个曲线调整层，进入红通道，将红通道底点向上拖曳一些，为画面暗部稍加红色，如图2-2-163所示。

17.进入绿通道，先整体加点绿色，然后再为顶点（亮部）加绿色，为底点（暗部）加洋红，如图2-2-164所示。

图2-2-163

图2-2-164

18.进入蓝通道，下压顶点，为亮部加黄色，上提底点，为暗部加入蓝色，给梦幻的色彩中再加入些时尚色彩，如图2-2-165所示。

19.添加色彩平衡调整层，先选择阴影处理，给画面大部分暗部区域加青色、加洋红、加黄色，如图2-2-166所示。

图2-2-165

图2-2-166

20.选中高光部分进行调整，做加红色、加洋红、加黄色处理，现在色彩就已经很梦幻了，真像梦中见到的色彩那般，如图2-2-167所示。

图2-2-167

21.选中最上层，直接盖印图层（Ctrl+Shift+Alt+E组合键），给盖印的图层执行滤镜下的ACR命令，主要为柔化人物皮肤。也可以对画面的显示细节进行进一步处理，但是不需要改变色彩，如图2-2-168所示。

图2-2-168

22. 创建新图层，利用仿制图章工具对人物皮肤粗糙的部分进行修饰。修饰时要注意图章的使用技巧，不需要进行大幅度的修饰，如图2-2-169所示。

图2-2-169

23. 再次新建图层，选择画笔工具，利用画笔工具在画面中点出很多的星点。点画的时候要不断更改画笔的笔圈大小不断变换不透明度，多使用几个前景色。这样就可以点画出不同大小、不同颜色、不同虚实的星点，如图2-2-170所示。

图2-2-170

24.改变画笔笔头形状，点开画笔笔头后单击右上角的齿轮标志上，在下拉菜单中选择旧版画笔，如图2-2-171所示。

25.从旧版画笔中选择名字为交叉排线4的笔头，用它为星点添加闪耀光芒，如图2-2-172所示。

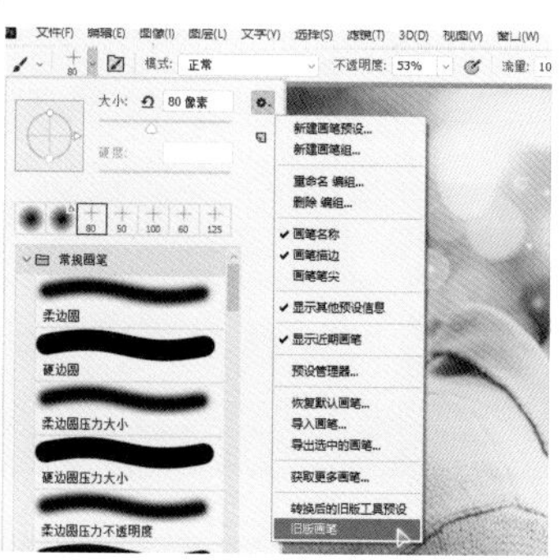
图2-2-171

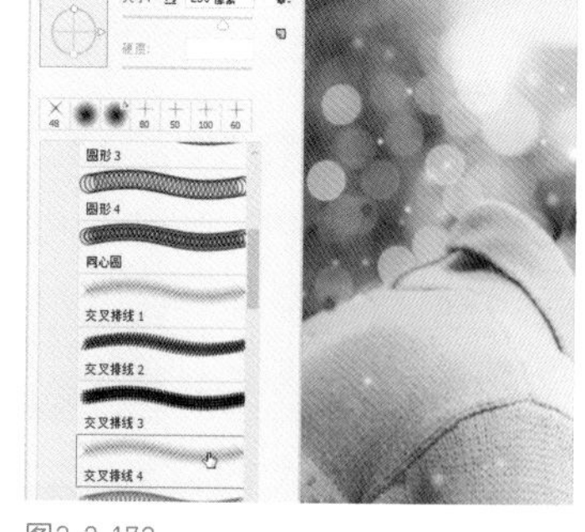
图2-2-172

26.将前景色修改为白色，适当缩放画笔大小，将不透明度设置为100%，从前面绘制的星点中挑选一些比较亮比较清晰的，为它们点上光芒，如图2-2-173所示。

图2-2-173

27.星光绘制结束后再次盖印图层（按Ctrl+Shift+Alt+E组合键），盖印图层后打开滤镜下“模糊”里面的“高斯模糊”命令，如图2-2-174所示。

28.模糊调整的时候半径数值并不确定，可以随时滑动滑块观察画面模糊效果，当画面模糊到看不清楚人物五官即可，如图2-2-175所示。

图2-2-174

图2-2-175

29.做完模糊效果以后，整个画面都是虚幻的，虽然我们调整的是梦幻仙境风格，也不能让整体个画面都如此虚幻。给模糊的图层添加图层蒙版，将前景色改为黑色，使用画笔涂抹人物面部及四周辐射到的范围，先用100%的画笔涂抹，这样就可以将人物面部及以外部分恢复到以前的清晰效果，如图2-2-176所示。

30.如果清晰部分与模糊部分的过渡不到位，可以降低画笔不透明度到10%左右，放大笔圈，在人物面部四周涂抹，以此来缓合过渡区域，如图2-2-177所示。

31.此时觉得星光图层太过耀眼，可以适当调整星光图层的不透明度，减少其清晰程度，如图2-2-178所示。

32.大功告成！犹如梦境般的梦幻仙境效果新鲜出炉啦！如图2-2-179所示。

图2-2-176

图2-2-177

图2-2-178

图2-2-179

8. 私房性感风格色调

私房性感色调目前在网络上是比较流行的，受到很多年轻女孩子的喜爱，由于此种风格的照片在拍照的环节就带有了性感、魅惑的色彩，后期调整相对来讲就变得简单。衣着性感的美女照多为私房性感风格。

私房性感风格人像一般都拍摄于室内，如酒店、床上、沙发、浴缸等私密空间，所以模特一般穿着尺度较大，更有甚者会以半裸或者全裸的形态出镜。由于此类人像衣服较少、皮肤裸露较多，在后期处理中主要要调整皮肤的修饰及色彩调整占据了很大比例。既要调出清纯性感、妩媚动人的色彩，又要修出白皙滑嫩的质感，如图2-2-180所示。

图2-2-180

私房性感风格从色彩上讲主要以低饱和度的色彩及柔和的对比为主，太鲜艳的色彩和强烈的对比是无法体现私房女性人像照柔美性感的一面的。

实例演示：私房性感风格色调

1.在PS软件中打开需要修饰的照片2-2-181，由于照片格式转换为了TIFF格式，因此会在没有设定的情况下直接进入PS。照片中人物肤色偏黄，不符合私房风格色调，可以先调整照片明暗层次。

图2-2-181

图2-2-182

2.点击图层面板下方调整层按钮，给照片添加曲线调整层，在曲线中将整体调亮一些，稍微压暗暗部，适当强化对比效果，如图2-2-182所示。

3.接下来调整人物面部，进入快速蒙版，利用设置好的画笔涂抹人物面部区域，其他区域也要做涂抹，但以面部涂抹为主，如图2-2-183所示。

图2-2-183

4.涂抹好后退出快速蒙版得到选区，给选区添加曲线调整层，如图2-2-184所示。

图2-2-184

5.在添加的曲线调整层中稍微提亮选区部分，稍稍压暗暗部，如图2-2-185所示。

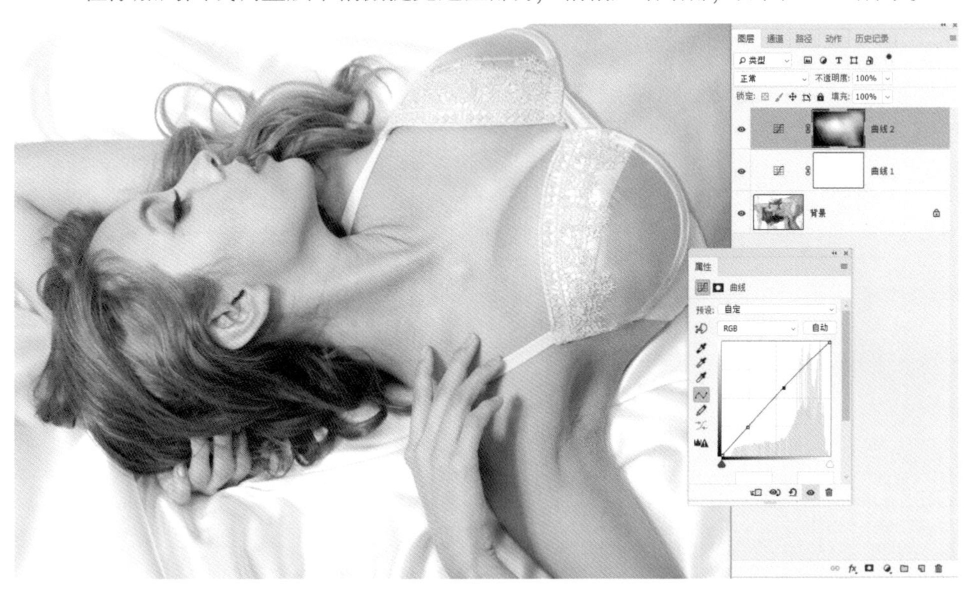

图2-2-185

6.给整个画面添加“色相/饱和度”调整层，直接降低全图的饱和度，让皮肤的色彩趋于低饱和状态，如图2-2-186所示。

图2-2-186

7.为照片整体添加“可选颜色”调整层，选择红色进行调整，减少青色、添加洋红、减少黄色、减少黑色，如图2-2-187所示。

图2-2-187

8.选择黄色进行调整，增加青色、增加洋红、减少黄色、减少黑色，如图2-2-188所示。

图2-2-188

9.画面属于高调照片，白色比较多。选择白色，对白色进行增加青色、减少洋红、减少黄色、增加黑色的处理，如图2-2-189所示。

图2-2-189

10.选择黑色，进行加青色、加洋红、减黄色、加黑色的处理，如图2-2-190所示。

图2-2-190

11.再次为整体添加曲线调整层，选择蓝通道，将底点直接向上拖曳，给画面暗部加蓝色。如果觉得画面变化太强烈，可以将中点压回中间位置，如图2-2-191所示。

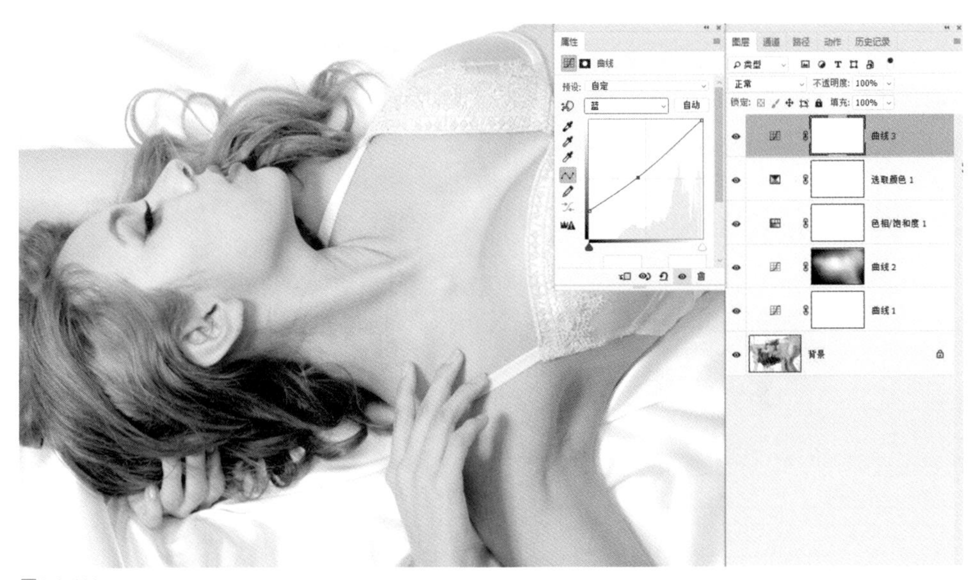

图2-2-191

12.对所有图层进行盖印，给盖印的图层执行滤镜下的Camera Raw滤镜，如图2-2-192所示。

图2-2-192

13.在Camera Raw滤镜中以获得皮肤的清晰效果作为主要调整目的，还可以根据照片变化进行适当调整。只要画面变得白嫩，细节丰富即可，如图2-2-193所示。

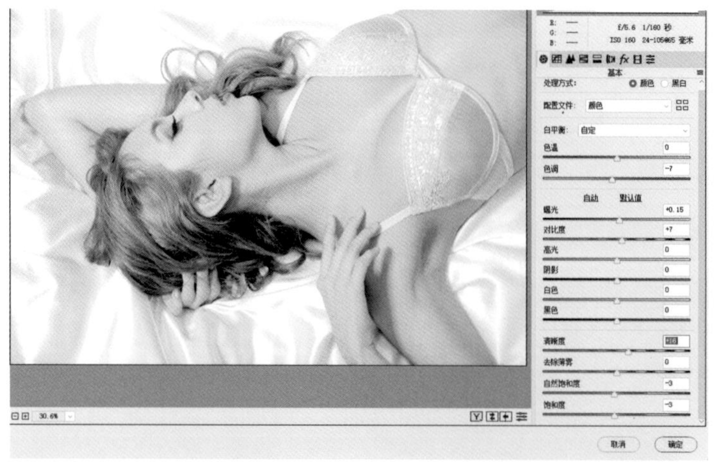

图2-2-193

14.直接在图像菜单里的“调整”下打开曲线命令，选择蓝通道，将底点向上拖曳，让照片暗部再偏蓝色一些，如图2-2-194所示。

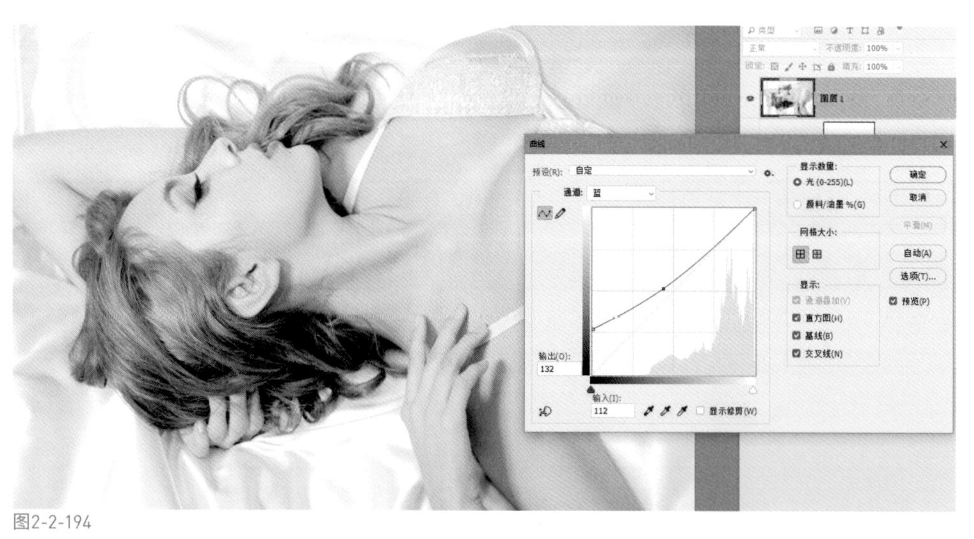

图2-2-194

15.新建图层，利用仿制图章细致地修饰人物皮肤，让皮肤变得干净细腻，如图2-2-195所示。

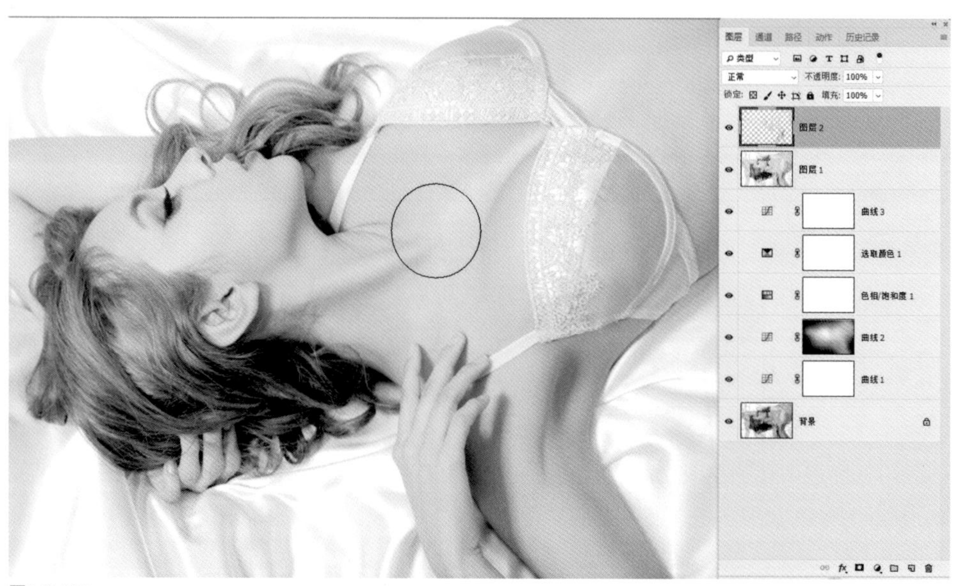

图2-2-195

16.图章修饰完成以后如果觉得修饰过度，可以直接降低图层的不透明度，这样可以恢复一些人物皮肤的质感，如图2-2-196所示。

图2-2-196

17.整个照片修饰调整结束了，照片整体色调发生了变化，饱和度降，对比偏弱，暗部偏蓝，这已经符合私房性感风格了，如图2-2-197所示。

图2-2-197

以上介绍的六种人像调色风格是当下比较流行的人像风格，想学好人像调色必须要了解这些风格的特点、代表色等因素。

2.2.2 人像风格调色实例解析

下面结合几个人像风格调色实例的分析，加强读者对人像调色方法的认识，开阔思路，拓展思维。

1.调出迷人的暖色美女人像

获得暖色人像要对照片中的大部分色彩进行加暖调整，整个画面会绽放出一种温馨、温暖的迷人色彩，以黄绿色或者橙黄色为主要表现色调。

1.打开需要修饰的照片2-2-198，照片本身已经带有一部分暖色感觉，后续的调整会很简单，只需处理层次、调整色彩细节、修饰皮肤即可。

图2-2-198

2.先进入Camera Raw滤镜，适当调整一些基本参数，比如曝光、对比度、暗部细节等，主要还是调整清晰度，让画面细节变得丰富，如图2-2-199所示。

图2-2-199

图2-2-200

3.接下来就要调整照片局部细节，主要改善照片的层次。可以先用快速蒙版进行选择，涂抹的时候以人物的面部为主，但是人物的其他部分也需要涂抹，目的是让选区边缘变得柔和，如图2-2-200所示。

图2-2-201

4.涂抹好以后按Q键退出快速蒙版，得到选区后在图层面板下方的调整层按钮中点击曲线调整层，如图2-2-201所示。

5.在曲线调整层中提升总通道，提亮选区部分，提亮不宜太过，如图2-2-202所示。

6.人物肩膀部分明度还有些欠缺，使用再次进入快速蒙版，使用画笔涂抹肩膀部分，涂抹的时候可以适当扩展到外面一些，如图2-2-203所示。

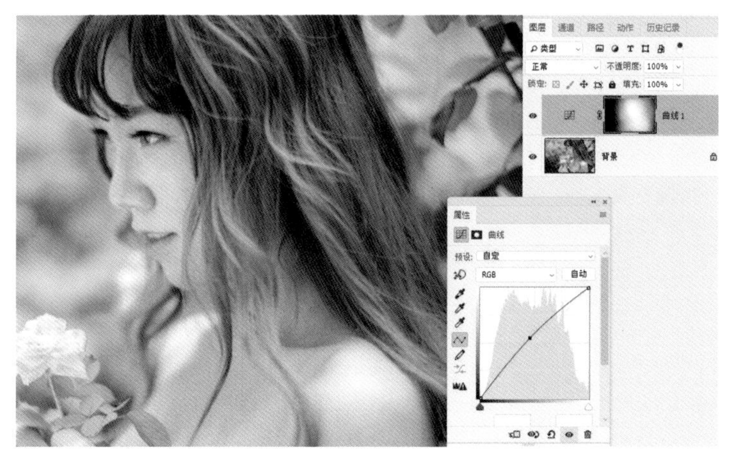
图2-2-202

图2-2-203

7.退出快速蒙版后添加曲线调整层，为提亮总通道，可以下压对角线下部，增加对比度，如图2-2-204所示。

图2-2-204

8.给整个照片添加曲线调整层，在曲线中选择红通道，提升红通道曲线，给照片整体添加暖色调，如图2-2-205所示。

图2-2-205

9.进入绿通道，提升绿通道曲线，为画面整体加入暖绿色。将底点向右移动，给照片暗部加入一些紫色，如图2-2-206所示。

图2-2-206

10.进入蓝通道，降低蓝通道曲线，为照片添加一些黄色，让照片又有了一些暖色效果，如图2-2-207所示。

图2-2-207

图2-2-208

11.给照片添加可选颜色调整层，先选择红色进行调整。对红色进行减青色、加洋红、加黄色、减黑色的调整，主要目的是为给照片添加暖色，如图2-2-208所示。

图2-2-209

12.选择黄色进行调整，给黄色进行减青色、减洋红、加黄色、减黑色的处理，如图2-2-209所示。

13.选择绿色，对绿色进行减青色，也就是给绿色加暖色的处理。然后加洋红、加黄色、减去黑色，主要让绿色变得明亮并且偏暖，如图2-2-210所示。

图2-2-210

14.为照片整体添加“色相/饱和度”调整层，选择红色，修改红色的色相，让红色偏黄一些。然后强化饱和度，让画面中的人物皮肤及头发部分尽量偏暖，如图2-2-211所示。

15.为整体添加“色彩平衡”调整层，对阴影部分进行加青色、加洋红、加黄色的处理，让暗部适当有点偏色，强化暗部与亮部的色差，如图2-2-212所示。

图2-2-211

图2-2-212

16.接着在色彩平衡中对中间调进行加红色、加暖绿、加黄色处理，让整个照片再次偏向暖色，如图2-2-213所示。

17.调整高光区域，加青色、加洋红、加黄色，给高光部分加入一些暖色效果，如图2-2-214所示。

图2-2-213

图2-2-214

18.为整体添加一个曲线调整层，直接进入蓝通道，将底点向上调整，给暗部加入些冷色。向下拖动顶点，给亮部再次加入暖暖的黄色，如图2-2-215所示。

19.进入绿通道，向上调整底点，给暗部加绿色，下压顶点，给亮部加点洋红，如图2-2-216所示。

图2-2-215

图2-2-216

20.进入红通道，向右移动底点，给暗部加点青色。向左移动顶点，给亮部稍微加点红色，如图2-2-217所示。

图2-2-217

21.至此，色彩就调整得差不多了，整体已经展现出了很暖的色调。接下来修饰人物皮肤，新建图层，使用图章修饰人物皮肤部分，如图2-2-218所示。

图2-2-218

图2-2-219

22.如果图章修饰过度，可以适当降低图层的不透明度来找回皮肤质感，如图2-2-219所示。

23.盖印图层，在滤镜中给盖印的图层添加“高斯模糊”，模糊的数值调整到人物虚化而看不清五官即可，如图2-2-220所示。

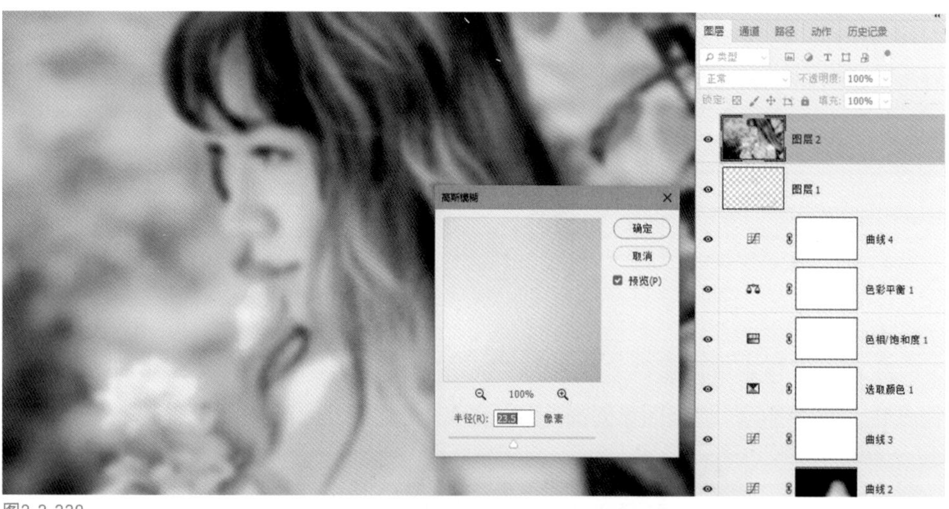

图2-2-220

24.给虚化图层添加“图层蒙版”，利用黑色画笔将人物部分擦涂清晰，保留四周的虚化效果，这样让照片变得柔美一些，如图2-2-221所示。

图2-2-221

25.至此迷人的暖色人像色调就调出来了，如图2-2-222所示。这张照片的调整主要使用调色命令结合快速蒙版完成，整个过程从整体到细节都做了非常细化的调整，在练习调色命令的同时也熟悉了人像照片修饰调色的流程。

图2-2-222

2. 调出冷艳迷人的美女人像

冷艳色调需要将画面中大部分的色彩调整成鲜艳的冷色，或蓝色，或青色，或青蓝色，可以适当随整体色调调整皮肤，但依然要保留正常肤色的感觉。冷艳色调给人一种冷静艳丽、高贵时尚的感觉。

1.打开需要修饰的照片2-2-223，照片的明度看上去不是很正常，层次也不是很明显，第一步调整明度和层次。

图2-2-223

2.直接在滤镜中打开Camera Raw滤镜对照片进行最基本的调整，主要调整照片的明暗及细节，详细参数如图2-2-224所示。

图2-2-224

3.接下来处理局部，主要突出画面中的主体人物，强化层次。直接进入快速蒙版，利用画笔涂抹人物，以人物面部为主要涂抹对象，如图2-2-225所示。

图2-2-225

4.涂抹完毕后退出快速蒙版得到选区，直接给选区添加曲线调整层，在曲线中提亮选区部分，也就是将人物面部提亮，如图2-2-226所示。

5.为了让人物从背景中凸显出来，可以压暗背景。使用快速蒙版，用画笔涂抹除人物以外的背景部分，越靠近边缘涂抹次数越多，如图2-2-227所示。

图2-2-226

图2-2-227

6.涂抹完后退出快速蒙版得到选区，直接给选区添加曲线调整层，将选中的部分压暗，目的是衬托人物，如图2-2-228所示。

图2-2-228

7.接下来开始调整画面的色彩。为整体添加可选颜色调整层，首先选择绿色进行调整。主要是调整背景中的绿色，对绿色进行加青色、加洋红、减黄色、加黑色的处理，这样的调整会让背景中的绿色变得偏冷，如图2-2-229所示。

图2-2-229

8.接着选择黄色调整，黄色主要包含画面中人物的肤色和背景中的绿色，对这些颜色进行加青色、加洋红、减黄色、加黑色的处理。主要还是对背景中的绿色所包含的黄色进行偏冷处理，如图2-2-230所示。

9.选择红色调整，红色主要是人物的皮肤部分和衣服中碎花的部分。对红色进行加青色、加洋红、稍加黄色、稍加黑色的处理，也是为了让皮肤尽量符合背景色彩的变化，如图2-2-231所示。

图2-2-230

图2-2-231

10.选择中性色，中性色包括了画面中大部分色彩，调整的时候幅度不要过大，时刻观察画面的色彩变化。对中性色进行加青色、减黄色、稍微加黑色和绿色的处理，这是画面中色彩变化最明显的一步，如图2-2-232所示。

11.为整体添加“色相/饱和度”调整层，对整个画面色彩进行色相微调，并加强饱和度，让画面中的颜色变得更鲜艳一些，如图2-2-233所示。

图2-2-232

图2-2-233

12.选择青色，青色是画面中的主色调之一，对主色调做单独色相校准和纯度加强，可以根据图像情况适当调整明度，如图2-2-234所示。

13.蓝色也是冷色，所以也是画面的主色调之一，选择蓝色，对蓝色也进行饱和度提升的处理，让冷色变得尽量鲜艳，如图2-2-235所示。

图2-2-234

图2-2-235

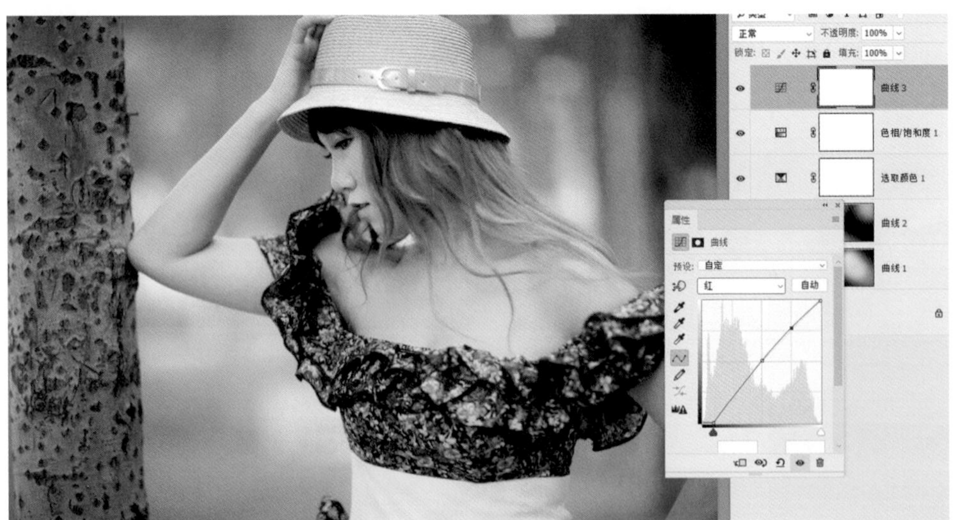

图2-2-236

14.继续给整个画面添加曲线调整层，在红通道中将底点向右移动，给暗部区域再次加入冷调的青色，如图2-2-236所示。

15.进入蓝通道，为暗部加蓝色，为亮部减蓝色。这样会让画面中背景与人物皮肤产生色彩反差，如图2-2-237所示。

图2-2-237

16.盖印图层，可以通过滤镜中的液化命令将人物形体调整为更完美的效果，接着再次进入快速蒙版，使用画笔涂抹人物面部，笔圈尽量大一些，可以多涂抹一些外部，如图2-2-238所示。

图2-2-238

图2-2-239

17.退出快速蒙版得到选区，给选区部分添加曲线调整层，适当给人物皮肤部分加入点蓝色，让皮肤色彩符合整体色调，如图2-2-239所示。

18.新建图层，利用图章对人物皮肤做细致的修饰，一定要将皮肤修饰干净，如图2-2-240所示。

图2-2-240

19.为整体再次添加“色相/饱和度”调整层，增加全图的饱和度，让画面整体更加鲜艳，如图2-2-241所示。

20.为整体添加“色彩平衡”调整层，先对阴影部分进行加绿色处理，如图2-2-242所示。

图2-2-241

图2-2-242

21.针对中间调进行加红色、加绿色、加蓝色的处理，让照片中人物的皮肤色调返回正常色，如图2-2-243所示。

22.选择高光区域，进行加红色、加绿色、加蓝色的处理，主要让画面亮的部分带有色彩，这样画面会显得层次更丰富，如图2-2-244所示。

图2-2-243

图2-2-244

图2-2-245

23.盖印图层，对盖印图层进行“高斯模糊”处理，模糊数值根据图像不同会有不同，要时刻查看人物虚化的效果，调整至五官看不清楚即可，如图2-2-245所示。

24.给虚化的图层添加图层蒙版，再用黑色画笔擦涂以使人物部分清晰，让过渡柔和即可，如图2-2-246所示。

图2-2-246

25.冷艳的美女人像色调调整完毕，如图2-2-247所示。这张照片的调整处理得非常细腻，希望这个例子能够给读者学习调色带来一定的帮助。

图2-2-247

3. 调出时尚单色室内美女人像

时尚单色效果要将照片色彩去掉后重新加入一种单色，给黑白照片加入时尚的单种色彩，可以是任何色彩。

1.打开需要修饰的照片图2-2-248，照片的构图不是很合理，可以先调整构图。

图2-2-248

2.在工具栏中选择裁切工具，根据自己对照片的理解进行二次构图，笔者裁切了照片右边空余的部分，如图2-2-249所示。

3.进入Camera Raw滤镜，在此滤镜中对照片的曝光、对比、细节等基本情况进行处理，让照片看上去接近正常感觉，具体调整参数如图2-2-250所示。

图2-2-249

图2-2-250

4.在图层面板下方的调整层按钮中添加“黑白”调整层，黑白调整层可以直接给彩色照片去色，并且在去色过程中可以控制每种色彩，如图2-2-251所示。

5.在黑白调整层中利用各色彩参数的调整控制画面中某些色彩的明暗，使调整后的层次非常细腻，如图2-2-252所示。

图2-2-251

图2-2-252

6.接下来处理照片的整体层次，将人物凸显出来。进入快速蒙版，使用画笔涂抹人物部分，以皮肤及面部为重点涂抹对象，如图2-2-253所示。

7.退出快速蒙版后得到选区，给选区部分添加曲线调整层，直接在曲线中以“S”形进行调整，这样可以增强选区部分的对比度，让人物部分变得更清晰，如图2-2-254所示。

图2-2-253

图2-2-254

8.人物胳膊部分显得有点暗，再次使用快速蒙版，涂抹胳膊部分，如图2-2-255所示。

9.得到选区后再次添加曲线调整层，在曲线中对选中部分进行提亮操作，提升胳膊的明度，如图2-2-256所示。

图2-2-255

图2-2-256

10.接下来用快速蒙版选择图像四周，使用画笔涂抹的时候要注意越靠外边缘，涂抹次数越多，如图2-2-257所示。

11.退出快速蒙版得到选区，添加曲线调整层，将曲线下压，使选中部分变暗，以便衬托出人物，如图2-2-258所示。

图2-2-257

图2-2-258

12.人物面部额头和颧骨部分颜色还是有点暗，利用快速蒙版选择偏暗的区域，如图2-2-259所示。

13.退出快速蒙版后得到选区，再次添加曲线调整层，直接将选中部分提亮，如图2-2-260所示。

图2-2-259

图2-2-260

14.局部细节调整好之后，为整体添加曲线调整层，利用增加对比度的方式让照片变得更清晰透彻，如图2-2-261所示。

15.接下来对单色照片进行色调调整，进入蓝通道，向上调整底点，给照片暗部加入蓝色调。将顶点向下调整，给画面亮部加入暖色，如图2-2-262所示。

图2-2-261

图2-2-262

16. 进入红通道，向右拖动底点，给暗部加入青色。向左拖动顶点，给亮部加点红色，让单色照片稍微带点颜色，如图2-2-263所示。

17. 添加色彩平衡调整层，先选择中间调调整整体色彩，加点红色、绿色、黄色，让照片带有一种时尚的暖青色，如图2-2-264所示。

图2-2-263

图2-2-264

18. 选择阴影，对照片暗部进行加红色、绿色、黄色的处理，让暗部有一些色彩，如图2-2-265所示。

19. 添加"色相/饱和度"调整层，增强照片的饱和度，并修改色相，这个色调的调整完全根据自己喜好进行即可，如图2-2-266所示。

图2-2-265

图2-2-266

20. 盖印图层，进入滤镜里的Camera Raw，降低清晰度的数值柔化皮肤，让人物皮肤变得更干净光滑，如图2-2-267所示。

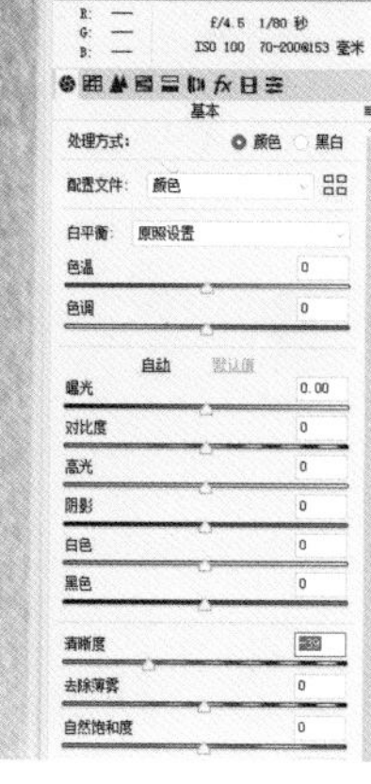
图2-2-267

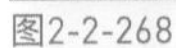
图2-2-268

21.给盖印柔化后的图层添加图层蒙版，利用黑画笔将人物头发和衣服部分的清晰度质感恢复，如图2-2-268所示。

图2-2-269

22.新建图层，利用仿制图章对人物皮肤进行精修，修饰好以后可以适当调整图层的不透明度，如图2-2-269所示。

23.再次添加曲线调整层，直接上提底点，给暗部加入蓝色调。下压顶点，给亮部加入暖色，如图2-2-270所示。

24.再次盖印图层，给图层添加USM锐化，让人物变得更清晰一些，如图2-2-271所示。

图2-2-270

图2-2-271

25.这就是单色照片色调的调整流程，从细节层次到整体色调都做了详细调整，这个色调是一种时尚的冷单色，如图2-2-272所示。

图2-2-272

4. 调出厚重油画风格色调人像

厚重油画风格是创意摄影中比较常见的一种风格，以厚重沉稳的色彩色调为主，人物的皮肤细腻润滑，服装质感强烈，背景虚幻深远，整个色彩感觉神似浓重的油画。

1.将需要修饰的照片图2-2-273打开，这张照片构图及明暗细节需要调整。

图2-2-273

2.先调整构图，在工具栏中选择裁切工具，按照图2-2-274所示进行裁切。

3.人物服饰上有很多白点，先利用工具栏中的污点修复画笔工具将这些白点和人物面部的明显斑点修饰干净，如图2-2-275所示。

图2-2-274

图2-2-275

4.打开滤镜菜单里的Camera Raw滤镜，利用此滤镜对照片基本情况进行调整，主要目的是让画面清晰、层次丰富、细节丰富，具体调整参数请参考图2-2-276所示。

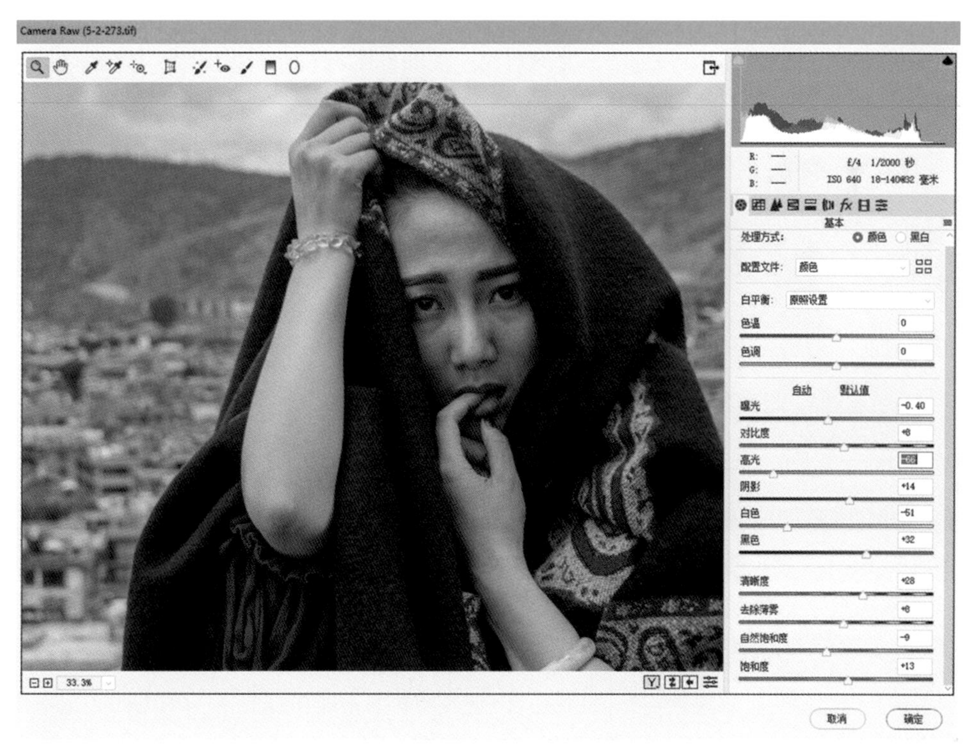

图2-2-276

5.接下来处理局部，先强化照片的层次感，将照片中人物凸显出来。进入快速蒙版，使用画笔涂抹人物面部及上半身，可以多涂抹几次面部，只要保持涂抹过渡均匀即可，如图2-2-277所示。

6.涂抹完以后按Q键退出快速蒙版，得到选区。给选区部分添加曲线调整层，直接将RGB总通道的中点向斜上方提升，将选区部分提亮，如图2-2-278所示。

图2-2-277

图2-2-278

7.调整一次的效果可能不会太明显，但是切记不要一次调整得太多。可以采取多次调整的方式处理，再次进入快速蒙版，使用画笔涂抹，依然以面部为主要涂抹对象，注意过渡均匀，如图2-2-279所示。

8.退出快速蒙版后得到选区，给选区添加曲线调整层，提升总通道曲线，将暗部稍微压暗，这样可以增强选区部分的对比，使面部区域看上去更清晰，如图2-2-280所示。

图2-2-279

图2-2-280

9.人物部分凸显效果还不是很到位，但是人物面部不能再提亮了，可以采取压暗四周的方式来衬托人物。进入快速蒙版，用画笔涂抹人物以外的部分，越靠近外边缘部分涂抹越浓，如图2-2-281所示。

10.退出快速蒙版得到选区，给选区添加曲线调整层，直接下压总通道曲线，降低选区部分明度，如图2-2-282所示。

图2-2-281

图2-2-282

11.前面的操作都是为了强化照片的层次，接下来可以调整照片的色彩了，为整体添加可选颜色调整层，针对照片中的不同色彩进行不同的调整。先选择红色，包括了人物肤色以及服装中的红色部分，进行减青色(加红色)、加洋红、加黄色、压重(加黑色)的调整，让红色变得更浓重一些，如图2-2-283所示。

12.选择黄色，包括了肤色及服装部分颜色，以及背景中草的部分颜色，进行加青色、加洋红、加黄色、压重的操作，让含有黄色部分的颜色变得厚重一些，如图2-2-284所示。

图2-2-283

图2-2-284

13.选择绿色，主要包括背景中含有绿色的部分，对绿色进行减青色、加洋红、减黄色、加黑色的处理，目的是让绿色产生偏暖的感觉，接近油画风格色调，如图2-2-285所示。

14.选择蓝色，主要包括天空部分和远处建筑物的色彩，进行加青色、减洋红、加黄色、压重的处理，如图2-2-286所示。

图2-2-285

图2-2-286

15.选择洋红，主要包括人物服装的红色部分，进行加青色、加洋红、加黄色、压重的处理，让红色再厚重一些，色彩再浓烈一些，如图2-2-287所示。

16.选择白色，主要包括画面中比较亮的部分，进行加青色、减洋红、加黄色、压重的处理，这是为了让画面中高光部分变得有色彩、有内容，也可以让画面变得厚重，如图2-2-288所示。

图2-2-287

图2-2-288

17.直接添加“色相/饱和度”调整层，选择红色，稍微校正一下红色的色相，然后降低红色纯度（饱和度），让肤色以及服装中的红色显得更沉稳，如图2-2-289所示。

18.选择黄色，进行校准色相和降低纯度的操作，让画面中含有黄色的区域变得柔和，避免与主体起冲突，如图2-2-290所示。

图2-2-289

图2-2-290

19.选择青色稍微校准色相，强化纯度、减少明度，让背景色彩暗淡下去，衬托人物，但又不失自身色彩，如图2-2-291所示。

20.选择蓝色，校准色相后强化纯度，减少明度，目的也是让背景区域暗淡，如图2-2-292所示。

图2-2-291

图2-2-292

21.前面这些调整属于对色彩的精细处理，目的是让每一种色彩都表现到位。接下来添加曲线调整层，开始给照片定出风格色调。先选择蓝通道，将底点向上提升，给画面重色部分加入蓝色，将顶点向下压，给画面亮部加上暖黄色，让画面的明暗部分出现色彩反差，增强对比性，如图2-2-293所示。

22.进入红通道，将底点向右拖动，给暗部加青色。将顶点向左拖动，给亮部加暖红，这步依然是为了强化明暗色彩反差，如图2-2-294所示。

图2-2-293

图2-2-294

23.再次进入快速蒙版，涂抹人物面部，涂抹时注意过渡，如图2-2-295所示。

24.退出得到选区，添加曲线调整层，直接提亮并强化选区部分对比，这是因为前面层次处理得不够彻底，如图2-2-296所示。

图2-2-295

图2-2-296

25.盖印图层，对图层进行液化处理，主要针对人物面部五官及胳膊进行液化，尽量让人物面部看上去标准规矩，如图2-2-297所示。

26.接下来修饰人物皮肤，创建新图层，使用仿制图章工具仔细修饰人物皮肤，可以适当调整修饰层的不透明度来找回质感，如图2-2-298所示。

图2-2-297

图2-2-298

27.再次盖印图层，直接在滤镜中打开“模糊”下的“高斯模糊”，调整模糊半径到人物虚幻看不清为止，如图2-2-299所示。

28.虚化以后记得添加图层蒙版，使用黑色画笔将人物部分擦涂清晰，擦涂四周时可以降低画笔不透明度到10%以下来进行过渡处理，如图2-2-300所示。

图2-2-299

图2-2-300

29.整体色调还不是很令人满意，再添加曲线调整层，选蓝通道调整底点和顶点，如图2-2-301所示。

30.选择绿通道，稍稍处理一下暗部和亮部，给照片加入一抹淡绿，如图2-2-302所示。

图2-2-301

图2-2-302

31.至此，油画风格色调人像照片的调整就结束了，整个画面色彩变得厚重却不失色彩，浓郁而又沉稳，正好符合油画风格的要求，如图2-2-303所示。

图2-2-303

2.3 彩色照片转换成黑白照片的调整方法

有很多人喜欢黑白照片，黑白照片虽然没有彩色照片中斑斓的色彩，但是好的黑白照片却有着更优雅的层次。由于没有了色彩对层次的表现，就要求黑、白、灰层次必须丰富才能让照片更完美。

黑白照片的获取方式除了直接拍摄黑白图像外，还可以通过后期处理进行转换，转换方式有很多种，目前笔者总结了九种，并按照转换方式的操作难易程度结合转换后的效果综合性评定了这九种方法。每种方法都有其自身的优势，也针对了不同类型的照片，希望大家根据作品需要选择适合自己的方法。

NO.9：灰度模式转换法：☆☆

灰度模式转换法就是将图像的模式进行转换，一般我们的图像模式都是RGB模式，这种模式通常都是色彩的模式。如果将这种彩色模式转换为非彩色模式，去除彩色信息，图像就会变成黑白了。这种转换方法适合层次明显、内容丰富的图像，因为转换过程中不能改变细节的明暗，所以一般照片在转换后如果不做后续处理就会显得很平淡，如图2-3-01所示。

图2-3-01

操作方式： 打开照片后直接在图像菜单中选择“模式”，在模式中选择“灰度”模式，选择后会提示是否要扔掉色彩信息，确定后就可以将图片转换成黑白模式，如图2-3-02所示。

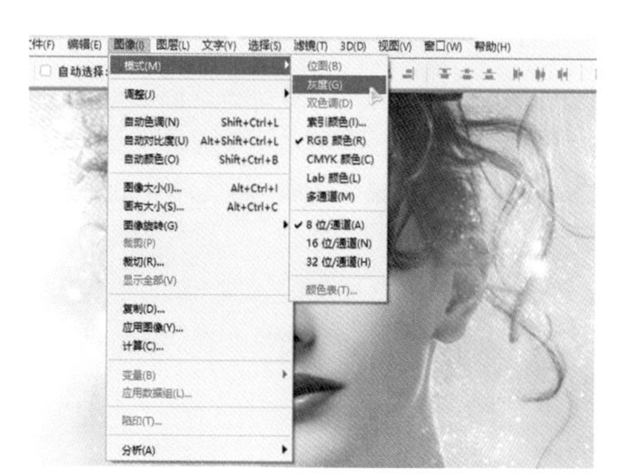

图2-3-02

NO.8: 去色命令法:☆☆

去色命令法顾名思义就是要将照片中的色彩去除，这个命令就在图像菜单下的“调整”里面，可以直接找到去色命令（快捷键为Ctrl+Shift+U组合键）。这种转换过程中也无法修改画面的明暗，要么提前调整好层次，要么进行后续处理，比较适合层次丰富明、暗对比强烈的图像，所以依然被评定为二星级，如图2-3-03所示。

图2-3-03

操作方式：打开照片后直接在图像菜单下的调整里面点击“去色”，点击后画面会直接转换为黑白效果，如图2-3-04所示。

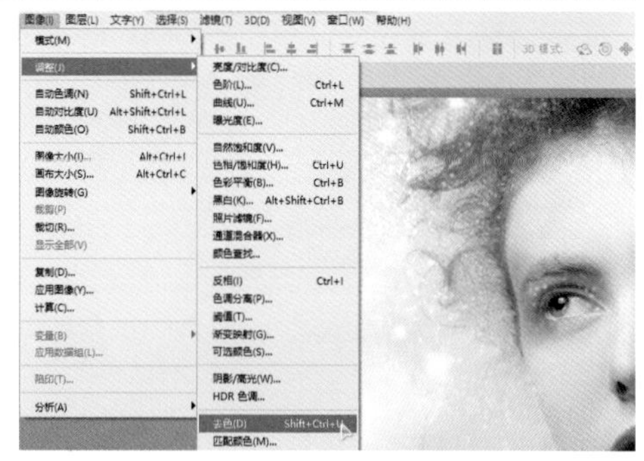

图2-3-04

NO.7: 降低饱和度法:☆☆☆

这种方法是在“色相/饱和度”命令中直接将饱和度降到最低，这样画面中所有色彩的纯度就都消失了，也就得到了黑白效果。由于在转换过程中此命令中的“明度”可以适当对图像进行调整，因此增加一颗星，被评为三星级。

不过这种方法转换出的黑白图像偏灰，依然要求前期调整到位或者后续再进行调整，适合多层次、高反差的图像，如图2-3-05所示。

图2-3-05

操作方式：打开照片后在图像菜单下选择调整里面的“色相/饱和度”命令，如图2-3-06所示。在“色相/饱和度”命令对话框中将饱和度滑块直接拖到最左侧，将饱和度降到最低，可以适当处理一下明度（视照片而定），如图2-3-07所示。

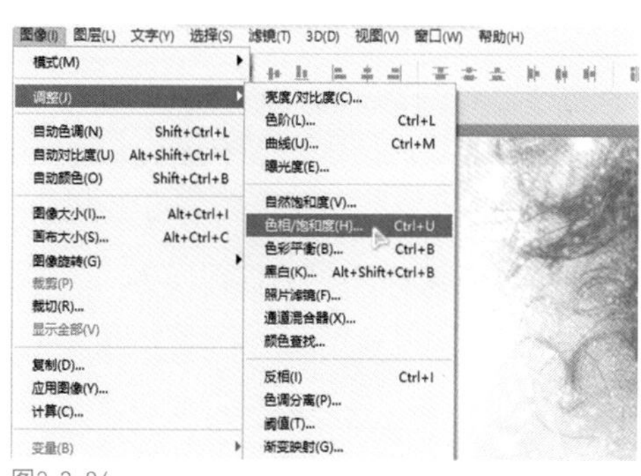

图2-3-06

图2-3-07

NO.6：颜色模式法：☆☆☆

颜色模式法就是利用图层混合模式中的“颜色”模式将有颜色的图像用无颜色的黑白灰替换。由于图层混合模式为上下图层一起显示，因此对下面图层进行调整可以更改最终黑白效果的明暗及对比变化。

这种方法比前面几种的可调整性更大，适合大部分照片的转换，如图2-3-08所示。

图2-3-08

操作方式：打开图像，新建图层填充黑/白/灰均可，如图2-3-09所示。然后改变其图层混合模式为“颜色”模式，照片成为黑白，如图2-3-10所示，如果需要继续调整，那么利用曲线处理原始图层明暗对比即可。

图2-3-09

图2-3-10

NO.5: 通道混合器法:☆☆☆

这也是一个实验性很强的方法，在图像调整里面打开通道混合器，点击下方的单色来转换黑白效果。转换后可以分别对R、G、B三个颜色通道进行调整以获得不同的明暗效果，拖动常数滑块也可以调整画面的明暗度，如图2-3-11所示。

图2-3-11

虽然这方法可以对照片进行适当调整，但由于操作不是很方便，也很难控制性，因此最终被评为三星。

操作方式： 打开照片后，在图像菜单里打开调整下的“通道混合器”命令，如图2-3-12所示。在打开命令面板后，直接点选单色，可以通过改变常数及其他滑块的位置来调整图像明暗及细节，如图2-3-13所示。

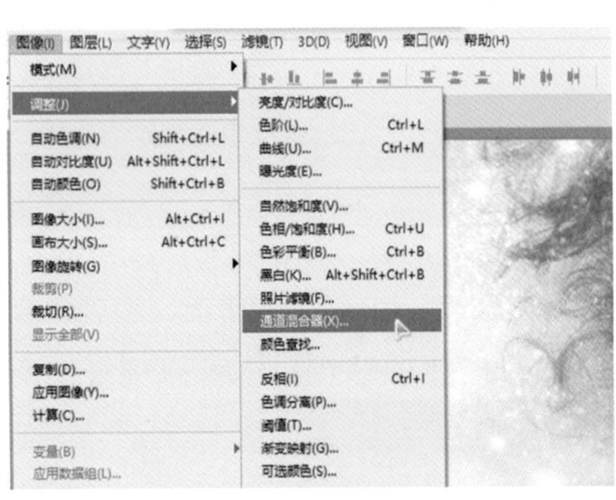

图2-3-12

图2-3-13

NO.4: 计算法:☆☆☆

这个方法其实很少有人使用，因为不容易掌握操作方法，并预测效果，如果不熟悉它，就会花费很多时间。它是通过两个通道的不同混合方式生成一个新的通道，可以计算出任意两个颜色通道的组合，获得不同的影调效果，再加上混合模，并改变不透明度，如图2-3-14所示。

图2-3-14

说实话笔者没有逐一试验过到底都有什么效果，理论上会有成百上千种效果，不推荐使用这种方法。因此虽然能出现很多种效果的转换方法，但也只能暂评为三星。

操作方式：打开照片，在图像菜单下点击“计算”命令，在“计算”命令中可以随意更改混合模式来调整画面明度，如图2-3-15所示。调整好以后进入通道面板，全选新出现的Alpha1通道，在编辑下点击“拷贝”，如图2-3-16所示。点选总通道后回到图层，然后在编辑菜单下点击“粘贴”，图像形成，如图2-3-17所示。

图2-3-15

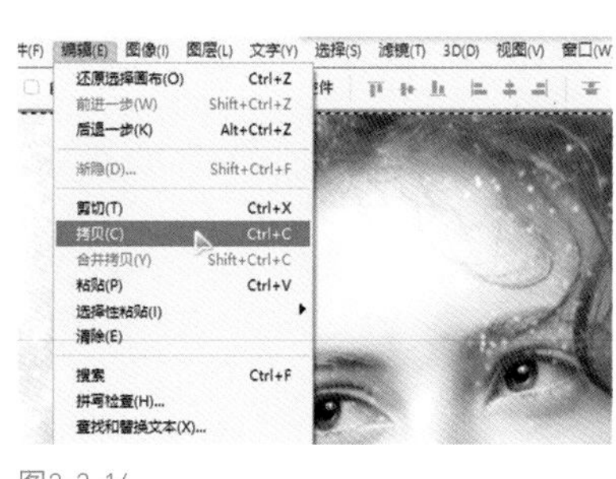

图2-3-16

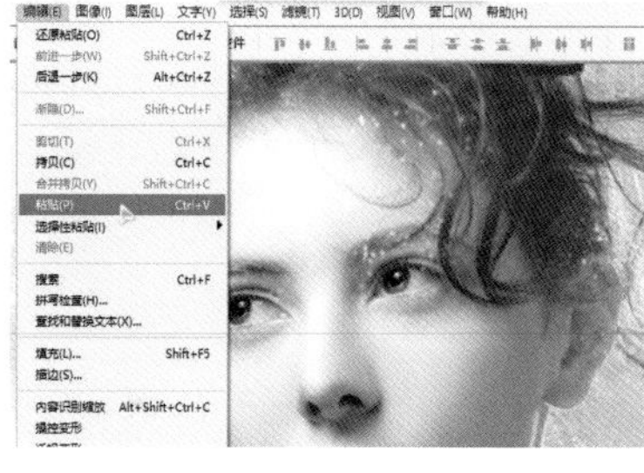

图2-3-17

NO.3: 渐变映射法:☆☆☆☆

这是一个非常不错的转黑白模式的方法，和灰度模式转换法一样操作简单，但它可以通过渐变的变化控制画面最终的明暗效果，属于无损的转黑白模式的方法。要得到黑白影调，在调整前必须先将前景色和背景色设置为黑和白，如图2-3-18所示。

图2-3-18

操作方式：打开照片后在图像菜单下的调整里面打开“渐变映射”对话框，如图2-3-19所示。点击对话框中的“灰度映射所用的渐变”，弹出一个渐变编辑器，如图2-3-20所示。在编辑器中拖动滑块可以调整反差与亮度，还可以在色标一栏选择不同的颜色渐变，来获得彩色的单色调效果，如图2-3-21所示。

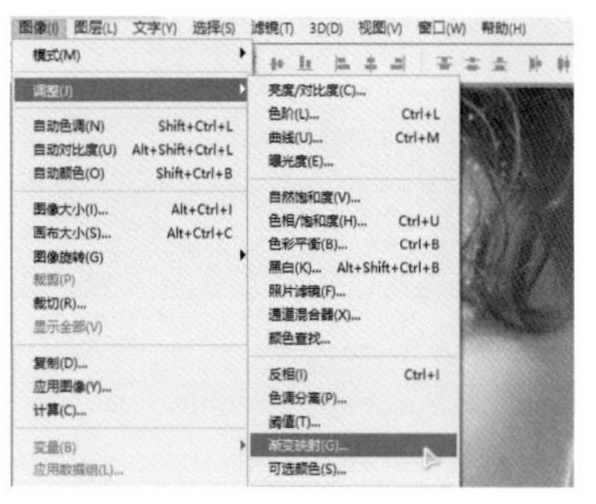
图2-3-19

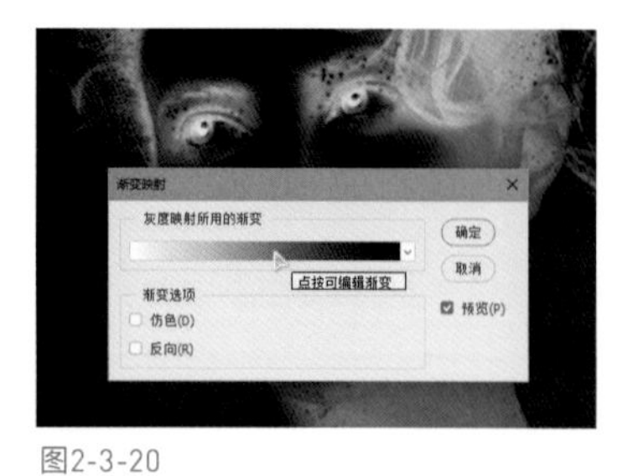

图2-3-20

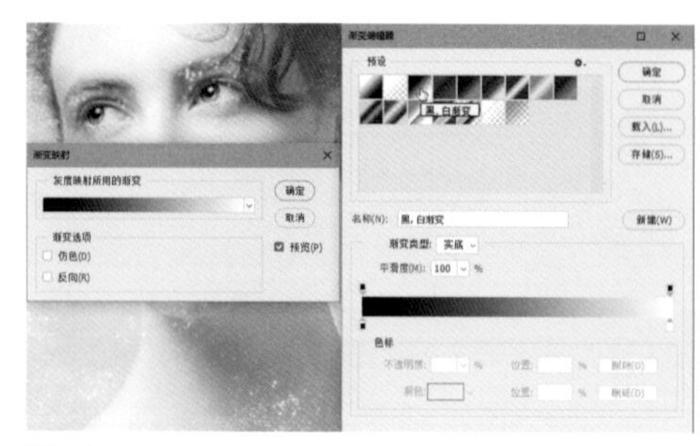
图2-3-21

NO.2:LAB 模式转换法:☆☆☆☆

这种方式转黑白其实是利用LAB模式里的L通道（明度通道），去除色彩通道，同时也去除了一些杂质，得到的是较明亮通透的黑白影调。笔者觉得用于表现儿童和女性的柔美，以及高调子的主题比较合适，如图2-3-22所示。

图2-3-22

操作方式：打开照片后在图像菜单下的“模式”中的“lab模式”，如图2-3-23所示。进入通道，全选L（明度）通道中的内容（Ctrl+A组合键）然后点击编辑下面的“拷贝”，如图2-3-24所示。将历史记录返回到“RGB模式”或者直接在图像菜单下“模式”里重新选择“RGB模式”，如图2-3-25所示。接下来回到图层，点击编辑下的“粘贴”，就可以得到黑白照片，如图2-3-26所示。

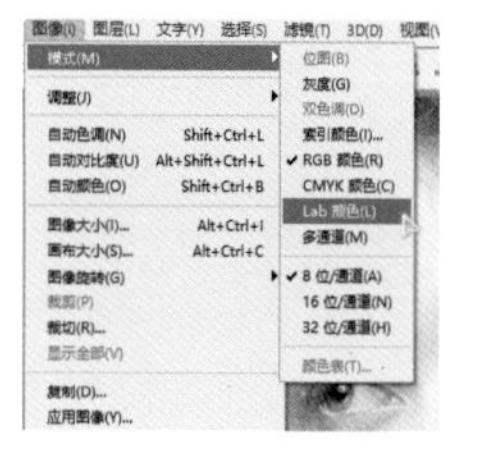
图2-3-23

图2-3-24

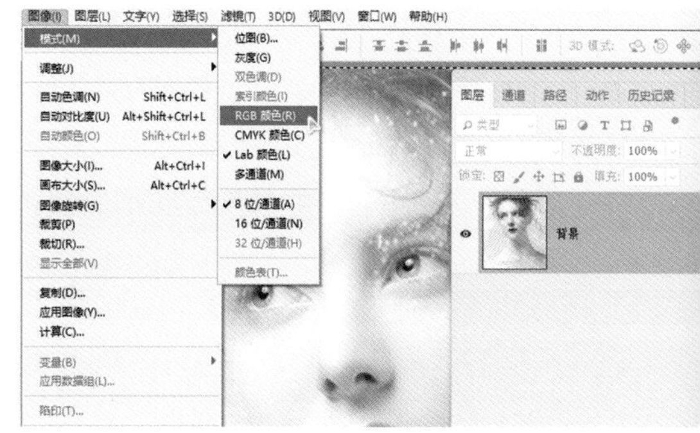

图2-3-25

图2-3-26

NO.1: 黑白命令法:☆☆☆☆☆

这是一个非常好用的方法，直接在图像菜单下“调整”里面打开“黑白”命令即可，如图2-3-27所示。在转换过程中就可以分别对原图的每个颜色的明暗进行调整，因此可以控制画面中每个色彩的明暗细节，得到一张黑白层次丰富的照片，如图2-3-28所示。

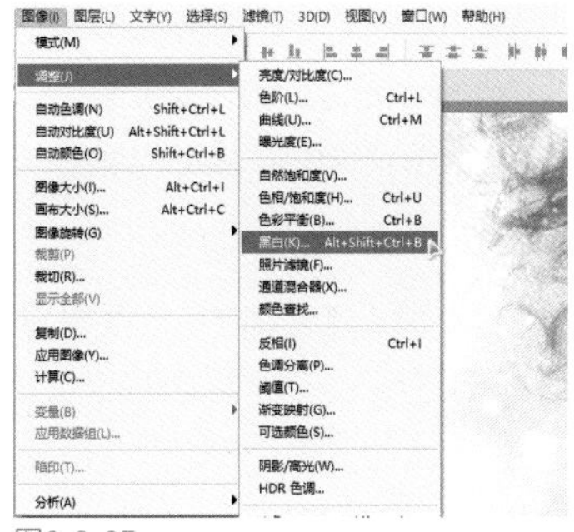

图2-3-27

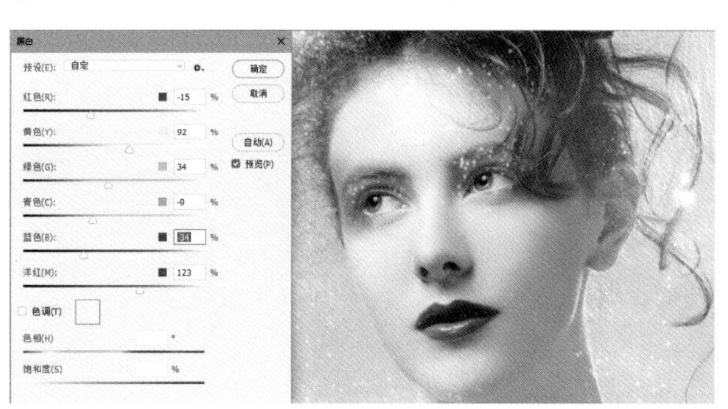

图2-3-28

个人比较喜欢使用这种方法，主要是其自由度比较高，有什么想法都可以表现，可以说是适合所有照片的黑白转换方式，如图2-3-29所示，因此笔者把这种方法评为了五星级。

图2-3-29

以上九种彩色照片转换黑白的操作方式都具有其独特的操作方式，要针对不同类型的照片选择合适的操作方式。不过这些内容放在这里的目的除了让大家知道转换黑白的方式以外，还能让大家了解相关软件的操作及调整方法。

本章以理论结合实操的形式对色彩处理做了非常详细且深入的介绍。希望本章内容能够真正让各位掌握色彩调整的原理和方法。

第3章

人像照片模板套用秘籍

人像摄影后期处理主要分为三大部分，它们分别是人像修饰、人像调色、相册制作。其中相册制作包括了相册套版和相册设计。当然想完成最终的相册制作，也需要完成前面的人像修饰和人像调色。也可以说相册制作中涵盖了修饰和调色两个部分。

本章主要以相册套版为主，介绍套版是什么，由哪些内容组成，套版应用了哪些知识点，套版的流程如何操作等相关内容。主要目的是让各位通过本章的学习能够轻松地进行人像套版制作。

3.1 何为人像模板

人像模板即专门为人像照片所设计出的分层格式的相册版面，这些版面中的照片可以随意根据需求进行更换，如同固定的模板，因此被称为人像模板，如图3-1-01、图3-1-02所示。正确合理地使用人像模板可以有效提升相册设计的效率，还省去自己设计的时间。是初学人像后期制作者的必学内容，也是很多影楼及摄影工作室工作者的必备技能。

图3-1-01

图3-1-02

3.1.1 人像模板的定义及分类

当下的人像模板根据设计风格分类，可分为框形模板、融图模板、混合模板（框形与融图结合），每种类型的模板都有其独特的艺术效果。

1. 框形模板

框形模板顾名思义就是在设计相册时采取框形的形状作为照片的外形，这种模板给人带来的感觉是简约时尚，整齐划一。以简单的方框形状表现出大气时尚的版面，也是现在比较流行的模板，如图3-1-03、图3-1-04所示。

图3-1-03

图3-1-04

2. 融图模板

融图模板即是利用图像融合的方式设计模板，一般情况下都是采取图层蒙版结合渐变工具的方式来完成照片与背景融合的效果。这种模板从设计和套版角度来讲稍微显得复杂一些，但是给人的感觉确实不错。融合效果没有明显的边痕和条条框框，给人一种柔和、梦幻、浪漫、唯美的感觉，无论是婚纱照、个人写真还是儿童照都经常使用这种模板，如图3-1-05、图3-1-06所示。

图3-1-05

图3-1-06

3. 混合模板

混合模板是框形模板与融图模板相结合的应用，画面中可以采取部分融图加部分框形设计。这种设计不但兼顾了外形，也结合了两种格式的优势和特色。混合模板给人简洁、时尚、大气的感觉，也有唯美、梦幻、虚幻的感觉，如图3-1-07、图3-1-08所示。

图3-1-07

图3-1-08

3.1.2 人像模板的组成

无论什么类型的人像模板都有其固定的组成成分，一个完整的模板包括背景、文字、装饰素材、照片，如图3-1-09所示。不过这些内容中的文字和素材也会根据画面的需要进行删减，比如追求极简约时尚的效果时，也许就会删减素材或者文字。

图3-1-09

1. 照片

在模板组成中，照片占据了重要地位。即便没有使用真正的照片，也可以使用其他图案内容或者纯色代替，表示出照片应该放置的位置及大小。

2. 背景

任何模板中都有背景。背景可以使用纯色，可以使用渐变色，也可以使用图像。背景主要是用来衬托照片的，只要能让照片在背景中凸显或者融合，即可完成其“使命”。

3. 文字

文字在模板中主要起到两个作用：其一是装饰，用文字来装饰画面或者点缀画面，甚至平衡画面；其二是用来表现主题，一般在成组、成套的设计中使用的文字都会起到标题或者主题的作用。

4. 装饰素材

装饰素材的应用种类非常多，可以是线条，可以是色块，可以是花纹、可以是星点……不管使用何种装饰，只要风格与整体版面融合、色彩搭配适当就能起到装饰作用，不过装饰素材是不能多用或者滥用的。

3.2 人像模板套用前的准备

做任何事情都需要有充分的准备才能够将事情做到尽善尽美，套版也不例外，想要将后期中的人像套版做得更好，就需要有充分的准备。除了需要准备应用的素材和模板外，还需要了解更丰富的理论知识，比如套版的流程、应该注意的事项，以及一些相关的软件操作知识。这些缺一不可，一定要做到准备充分。

3.2.1 套版中的流程

大部分人在刚接触套版的时候，对整个流程的认知是比较迷茫的，不知道该从何入手，没有一个固定的模式，操作起来就会混乱无章。不过当你理清头绪，掌握操作的顺序或者流程后，一切都变得有条有了。

套版操作中也有这样固定的模式，这个模式是笔者在多年的工作及教学过程中总结出的，现在分享给各位。

套版的流程从开始到结束可以分为：**选照片、选模板、改尺寸、置入照片、调整照片、细节处理、整体调色、精修照片、保存文件这九个步骤。**

1. 选照片

照片不是随意选择的，首先要选择同组照片，同场景、同服装、同色调的照片可以分到同一组，如图3-2-01所示。同组照片放在一个版面中给人一种统一协调的感觉，不会显得杂乱无章。

再者要根据想要设计或者想要套版的版面构图选择照片，要考虑照片的使用张数及横竖构图，尽量与模板中的要求相符。比如模板中使用了三张照片，一张横版，两张竖版，那我们在选择照片的时候也应该选择相同张数和相同构图的照片，如图3-2-02所示。

图3-2-01

图3-2-02

2. 选模板

模板的选择也是有一定讲究的，如果模板素材量比较大，那模板的选择性就很多，可以根据照片的风格选择合适的模板。这时候要注意模板色彩与照片色调相搭配或者相一致，如图3-2-03所示。如果实在找不到色调合适的，那么只要构图符合也能使用，只不过需要增加一些调整色彩的步骤。

图3-2-03

需要具有丰富的经验才能非常准确地选择出合适的模板或者照片。一开始还需仔细认真地划分和挑选，并不断总结经验。

3. 改尺寸

选择模板后要根据自己需要的尺寸进行修改了。一般的模板尺寸都是相对标准的相册尺寸，也许这与需要的不一致。可以在图像大小中查看模板尺寸，如果不一致则可以使用图像大小命令修改尺寸以及分辨率。

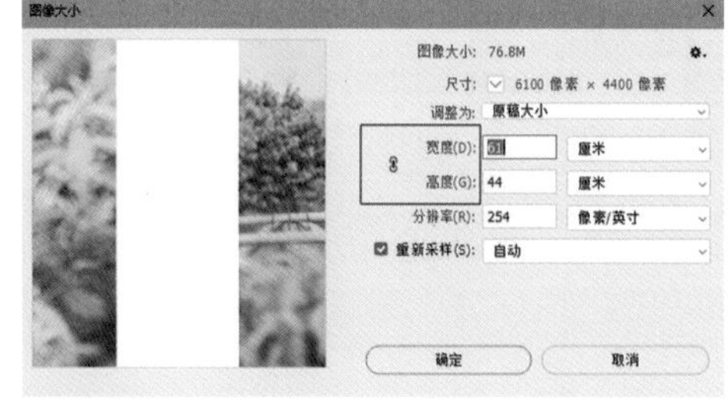

图3-2-04

尺寸不符合要求则很有可能其宽高的比例也不符合要求，这时候一定要注意在改变尺寸的时候要将模板尺寸的宽与高的比例锁关闭，如果打开比例锁，将永远无法设置想要的尺寸，如图3-2-04所示。

相册种类不同，其尺寸要求也不同，如果真想输出制作实物相册，可以提前跟厂家或者输出单位索要标准尺寸表。如果只是自行练习或者只保存电子文档，那么就不必太在意尺寸。

4. 置入照片

置入照片也就是将选择好的照片拖入到选择好的模板里，不过这里要注意必须先改好模板尺寸再拖入照片，否则很有可能会使照片的比例发生变化。

拖放照片前，可以先选择好模板中照片的图层，这样拖入的照片就会显示在模板照片的上方，比较方便查找图层或者进行进一步操作，如图3-2-05所示。拖入照片以后按照模板中原始照片的大小来变换照片大小。此时要用到自由变换命令，记住一定要保持照片比例不能发生变化。

照片应调整到比模板照片稍微大一些，将大概位置摆放好。接下来对照片进行套版操作，用自己的照片替换掉模板中的照片。

图3-2-05

5. 调整照片

调整照片就是对拖放到模板里面的照片进行大小、方向、位置的调整。可以尽量按照原始模板中照片的大小摆放，也可以自行设计并进行调整。方向也要根据照片的感觉来进行调整，如果是婚纱的照片男士应尽量处于照片外侧，需要的话，可以通过自由变换进行水平反转，如图3-2-06所示。

图3-2-06

6. 细节处理

细节处理即是对所放入的照片进行较精细的调整，包括照片的大小、照片的构图、照片的对齐方式、照片之间的缝隙、照片的装饰性描边，以及文字位置、大小、方向、色彩的处理。保证在照片的处理中不留任何瑕疵和漏洞，让所有照片及设计元素达到精致的效果，如图3-2-07所示。

图3-2-07

7. 整体色调调整

整体色调调整就是对设计版面整体色彩的处理，这个过程中很可能会局部色彩调整，但绝大部分的调整是以整个色调为主。此时可以定出画面色彩的风格及色彩的倾向，让整个版面的色彩达到协调统一、搭配得当的效果。这样的调整通常情况下都会采取使用调色调整层的形式完成，如图3-2-08所示。

图3-2-08

8. 精修照片

精修照片其实在套版前就应该完成，但是笔者把这个流程放在了后面，主要目的是当照片经过调色后再进行修饰会更方便，因为照片在调整了明暗、对比、色彩后很多细小的噪点或者颗粒就会自动消失，后期的修图就会变得简单。

此处所指的精修其实就是对照片中人物皮肤、形体、层次、头发、服装等细节的修饰，目的是让照片达到完美状态，如图3-2-09所示。

图3-2-09

9. 保存文件

文件的保存步骤是很重要且关键的。选择正确的存储方式及存储格式是非常有必要的，通常情况下我们完成一张套版操作后就要及时进行保存。而且尽量保存分层格式（PSD、TIFF），这样便于事后的修改。接着可以再另存为一张合层格式（JPEG），方便观看、修改、传输和输出。

3.2.2 套版中应注意的事项

在模板套用的过程中有几点需要注意，这些都是很关键的部分。控制好这些部分就能得到一张完美的版面，否则工作就可能白费。

1. 尺寸

尺寸需要进行很严谨的设置，一定要按照需求去设置对应的尺寸。注意自己输入的**尺寸数值、单位，以及分辨率的数值、单位**。一旦有其中任何一项没有设置对，那么所制作的尺寸就是错误的。尺寸的修改可以在新建文件下建立，此时所有数据都需要自己输入，如图3-2-10所示。还有一种就是直接在图像大小命令中进行数值修改，此时的修改一定要关闭长宽比例锁，而且要选择正确的尺寸单位，如图3-2-11所示。

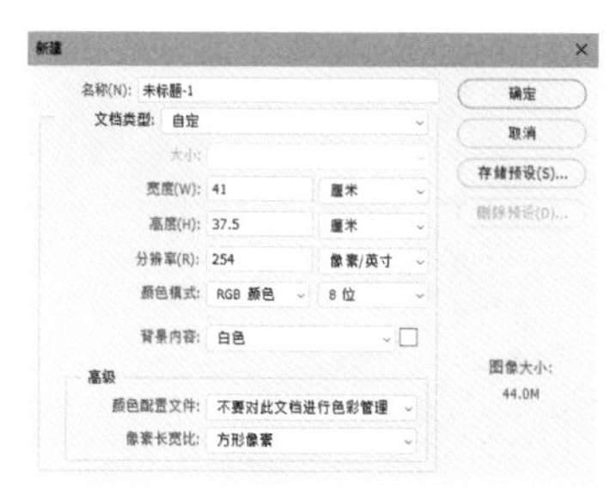

图3-2-10

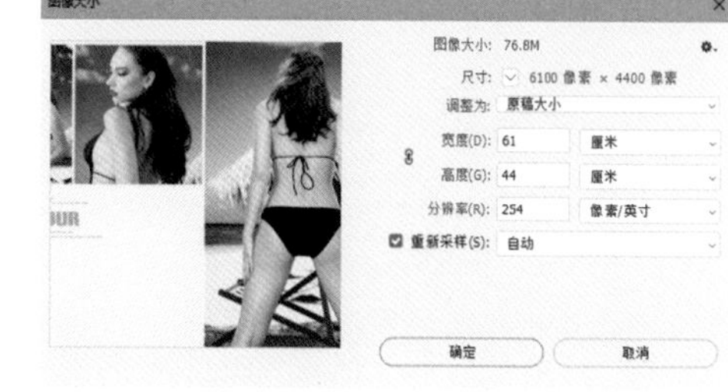

图3-2-11

2. 中线

中线指的是版面设计中的中间折线，这条线虽然没有在画面中出现，但是我们要知道中间的折线在什么位置。放置照片的时候尽可能让照片中人物错开中心线位置，以免相册制作过程中将人物折弯，影响观看效果，如图3-2-12所示。如果因为构图需要实在无法错开人物，那就尽可能不要将人物面部与中线重合，如图3-2-13所示。

图3-2-12

中线

图3-2-13

3. 照片比例

这里提到的照片比例指的是在套版过程中所放进去的人物照片不能变形，也就是说照片进入模板后，如果大小不合适则需要通过自由变换进行缩放，缩放过程中一定要保持人物照片宽与高的比例不变，这样人物就不会变形，如图3-2-14所示。人物变形是人像后期制作中最忌讳的问题，此处的操作要谨慎。

图3-2-14

4. 文字

文字在相册套版中需要注意的地方也很多，由于模板的照片跟实际制作的照片不是完全一致，所以模板上的文字也许并不适合，需要根据自己的照片更换或修改文字。文字的内容也需要注意，婚纱类文字、写真类文字、儿童类文字不要混用。儿童相册就要使用跟儿童相关的文字内容、文字风格。太过成熟的文字内容和风格是不适合应用到儿童相册中的，如图3-2-15所示。

图3-2-15

除了内容和风格以外，还要注意文字的大小、方向、位置、色彩等因素，这些都有可能会影响画面的美观。一定要让文字在画面中起到合适的作用，做到精确细致，如图3-2-16所示。

图3-2-16

5. 存储

存储属于操作的最后一步，一旦存储出了问题，那前面的所有努力都会付之东流。需要注意的是套版完成后不要直接存储，一定要选择“存储为（另存为）”，否则会对原始模板进行覆盖。再者就是存储的时候要给以后修改留有余地，不要对制作好的设计内容进行图层合并。先存储一个PSD或TIFF格式的文件，这两种格式都可以存储分层格式文件，方便以后的修改。随后再另存为一张JPEG格式的合层文件，方便观看和输出，如图3-2-17所示。

图3-2-17

3.2.3 剪贴蒙版在套版中的应用

剪贴蒙版是PS软件中的又一大蒙版，前面我们介绍了图层蒙版、快速蒙版。图层蒙版主要用来对图层进行形状保护，快速蒙版只用来进行选区建立，而剪贴蒙版跟前面两个蒙版没有任何关系，它是被用来在套版中进行图层置入的一种方式，是套板中应用最多的操作技巧，如图3-2-18所示。

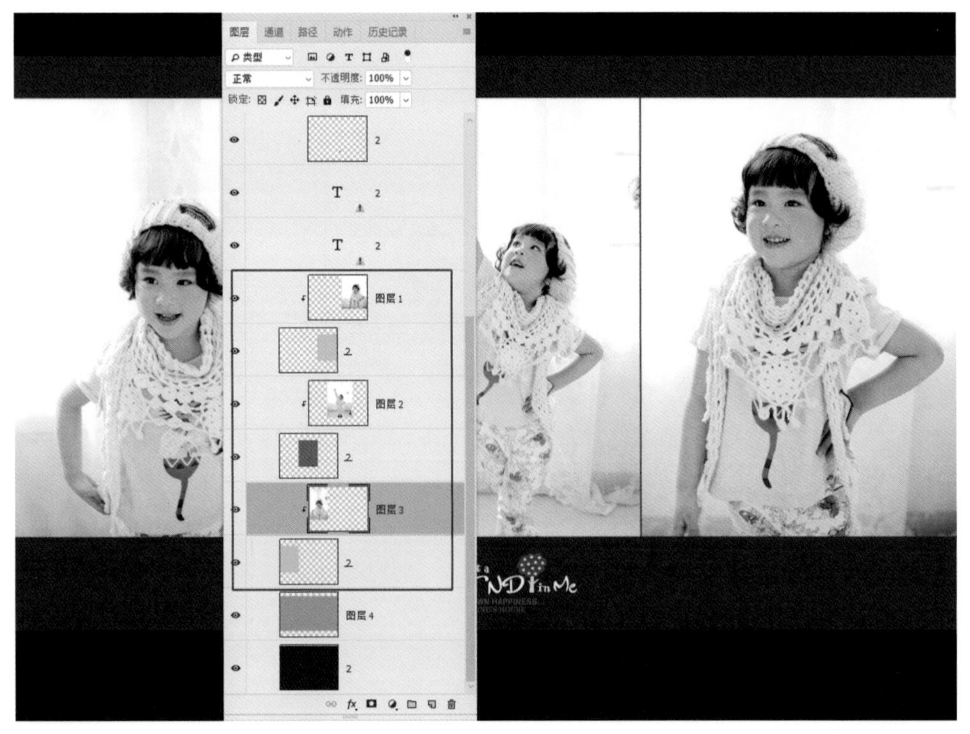

图3-2-18

1. 什么是剪贴蒙版?

剪贴蒙版又叫置入图层,也叫适合图形。是上一图层(或者多个图层)进入下一图层形状内的操作,是一组图层间的形状变化。一般的操作是让上方图层适应到下方图层的形状里面,从同级图层变换成从属图层,上方图层会受到下方图层形状的影响,这种操作即是剪贴蒙版,如图3-2-19所示。

图3-2-19

为了区分开各个图层,组成剪贴蒙版的图层中,最下方的形状图层被成为“母层”,上方的图层被称为“子层”。“母层”只有一个,“子层”可以有多个,如图3-2-20所示。

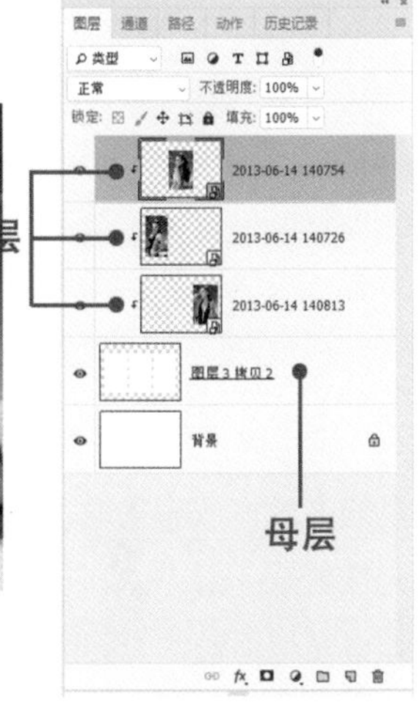

图3-2-20

2. 剪贴蒙版的作用

剪贴蒙版在PS软件的操作中起到的作用很多,在很多操作中都会应用。比如天空置换中的置换法就会运用剪贴蒙版,相册设计及相册套版中也会运用剪贴蒙版,文字或者图形设计中改变纹理也可以使用剪贴蒙版,调整层调色同样会使用剪贴蒙版,如图3-2-21所示。

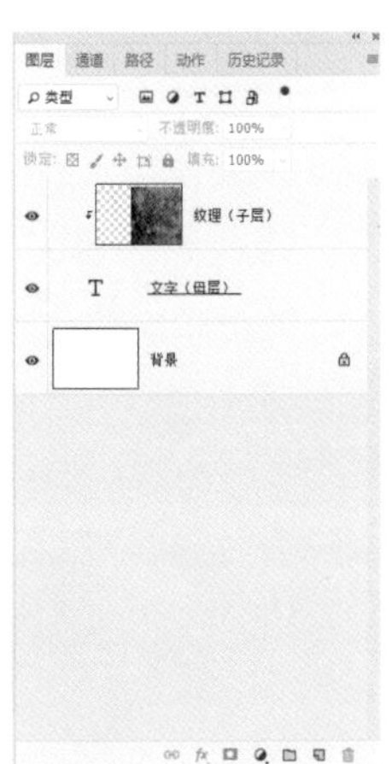

图3-2-21

这些操作使用剪贴蒙版其实都是适合图形的应用。为了减少做选区或者抠图的操作,让素材图层或者照片图层直接以下方图层形状的效果显示,使用剪贴蒙版就是最好的选择。

尤其是在套版设计中，为了减少照片形状的裁切或者绘制的操作，直接将模板中的形状或者照片作为“母层”置入，不但操作简单，还节省了排列、变换等操作的时间。

3. 剪贴蒙版的操作

别看剪贴蒙版作用这么多，但是操作起来其实很简单。完成剪贴蒙版的操作必须要满足几个条件，只要条件充足，很快就能搞定剪贴蒙版。

条件一：需要有带形状的图层作为“母层”，此图层很关键，决定了所有“子层”的形状，如图3-2-22所示。

条件二：在“母层”上方（无间隔图层）必须有需要置入的单图层或多图层，这些图层应当比“母层”的形状稍微大一些，如图3-2-23所示。

条件三：执行剪贴蒙版命令，将鼠标指针放在图层面板里“母层”与“子层”中间，按住键盘的Alt按键，当鼠标指针发生形状变化的时候，按下鼠标左键，如图3-2-24所示。

图3-2-22

图3-2-23

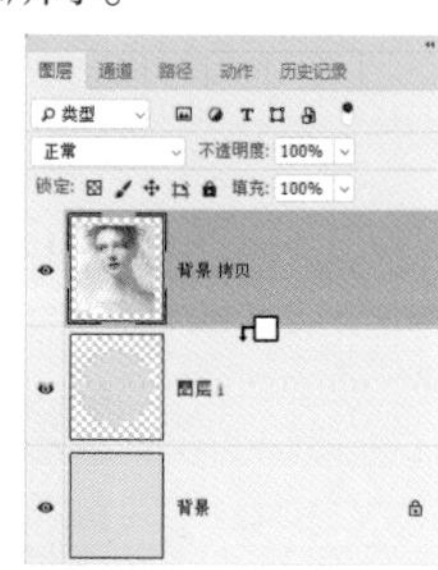

图3-2-24

满足以上三个条件，剪贴蒙版就形成了，如果想置入多个“子层”可以采取直接拖曳的方式，或者采取条件三中所提到的方式。还有一种方式就是利用快捷键的形式，先摆放好“母层”与“子层”的上下顺序，选中“子层”后按键盘的Ctrl+Alt+G组合键，即可完成剪贴蒙版的操作。

4. 剪贴蒙版的特点

任何命令或者工具都有其自身的特点，剪贴蒙版也不例外。想要使用好剪贴蒙版就必须要熟悉它的特点。

特点一：“母层”形状决定“子层”的显示形状，如图3-2-25所示。

特点二：给“母层”添加的图层样式可以影响画面效果，但是给“子层”添加的图层样式不会影响画面的效果，如图3-2-26所示。

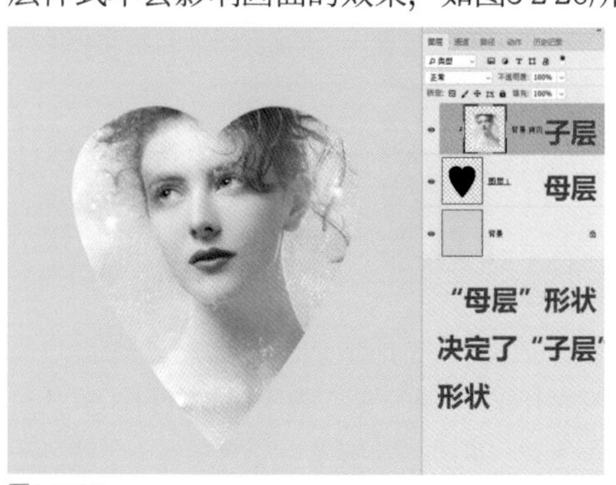

图3-2-25

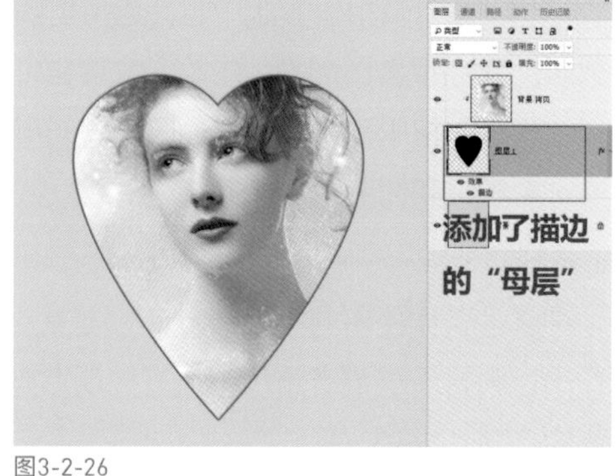

图3-2-26

特点三：修改“母层”的图层不透明度，可以直接影响“子层”的显示效果，反过来修改“子层”的图层不透明度，不会影响“母层”的显示效果，如图3-2-27所示。

特点四：色彩调整只能单独针对“子层”进行调整，调整“母层”不会改变“子层”色彩，如图3-2-28所示。

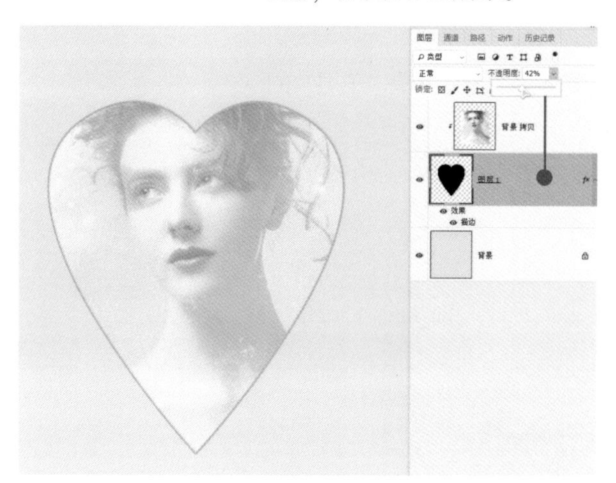

图3-2-27

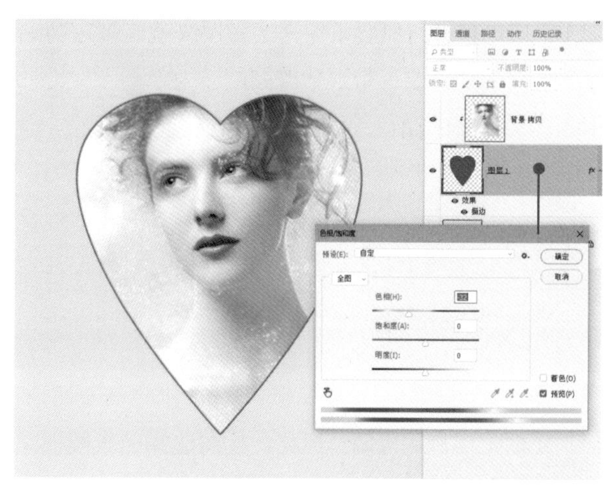

图3-2-28

特点五：移动图层的时候最好同时移动“母层”和“子层”，或者链接在一起，否则形状会发生变化，如图3-2-29所示。

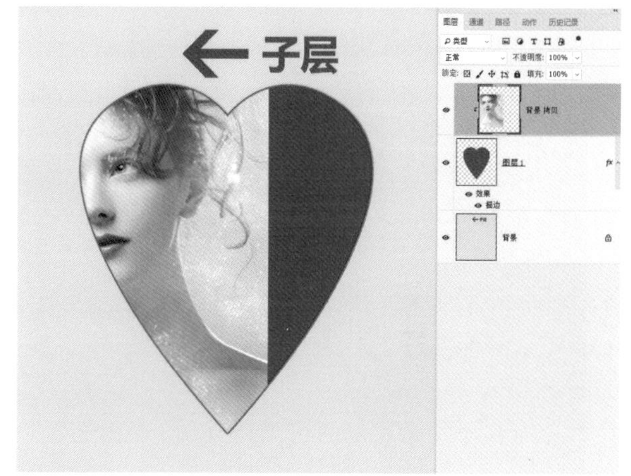

图3-2-29

3.3 人像模板的套用操作技巧

接下来用套版实例演示套版工作的流程，当然这些流程会因照片和模板不同会有所不同。

3.3.1 框形风格模板套版技巧

根据模板中照片形状不同划分好不同类型的模板，首先介绍框形模板的套用技巧，主要采取的是剪贴蒙版的操作。再者要分析好哪些照片可以删除，哪些照片要留下来作为剪贴蒙版的形状“母层”。

1. 模板套用实例演示 1

1.准备好几张照片，这里暂时选出两张，一张横构图，另一张竖构图，如图3-3-01、图3-3-02所示。

图3-3-01

图3-3-02

2.根据照片的色调、风格、构图选择一张模板，如图3-3-03所示。

图3-3-03

3.打开模板后，先根据自己的需要修改尺寸，这里以12寸相册的尺寸为例，尺寸为41厘米×29.5厘米，分辨率为254像素/英寸。在图像菜单下打开图像大小命令，直接在这里修改尺寸，注意比例锁一定要解开，如图3-3-04所示。

4.接下来创建一条中心线，在视图菜单下打开“新建参考线”命令，选择取向为垂直，位置输入50%，如图3-3-05所示。

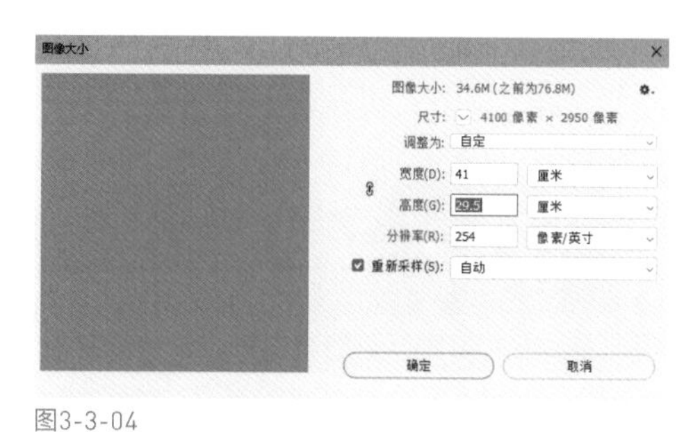

图3-3-04

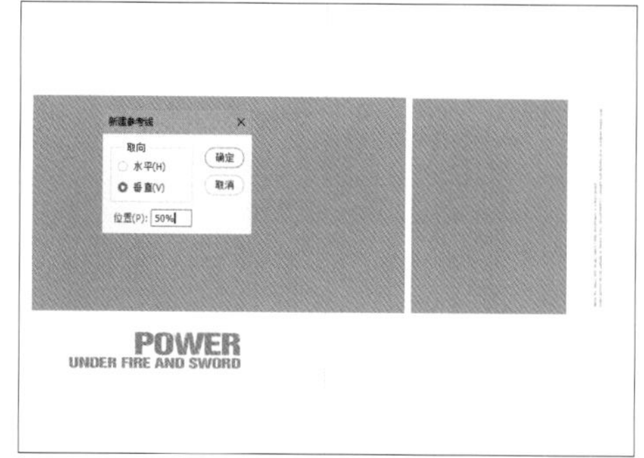

图3-3-05

5.原始模板中两张照片都是以剪贴蒙版的形式存在的，所以照片是可以删除的，将两张照片图层选择好，直接删除，如图3-3-06所示。

6.在图层里选中右边的图形图层，这样做的目的是让拖曳过来的照片图层直接被放置在此图层的上方，减少调整图层顺序的操作，如图3-3-07所示。

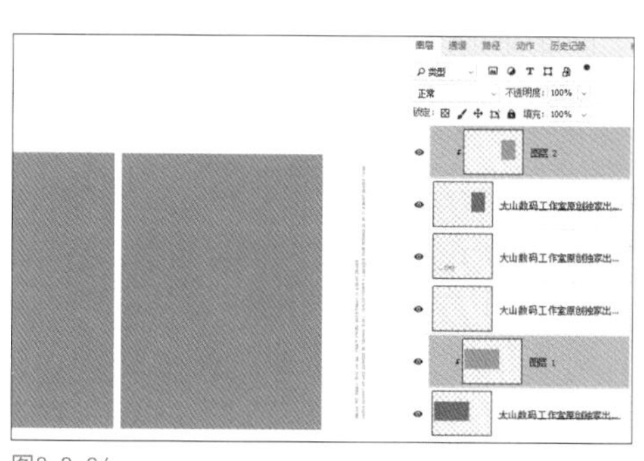

图3-3-06

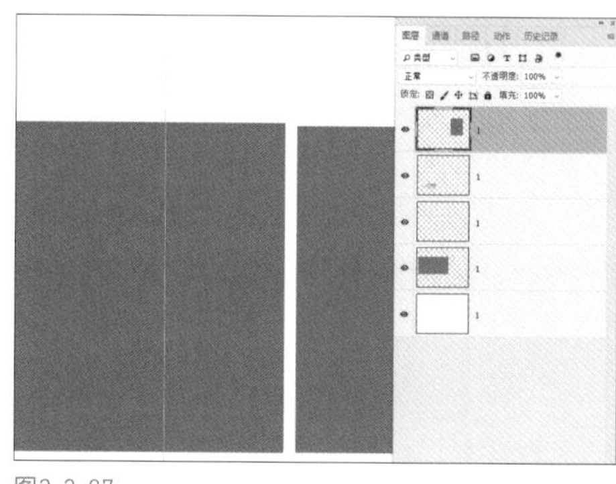

图3-3-07

7.将前面打开的竖构图照片利用移动工具拖曳到模板中，可以看到照片图层已经自动处于图形图层的上方，如图3-3-08所示。

8.按照前面所说的方式，将鼠标放在两个图层中间的缝隙处，按住Alt键并点击鼠标左键，创建剪贴蒙版，此时照片已适应图形。接着利用自由变换命令对照片的大小进行调整，尽量让照片比图形大一些，如图3-3-09所示。

图3-3-08

图3-3-09

图3-3-10

9.使用同样的方式选中另一个图形图层后将另一张照片拖曳到模板中，创建剪贴蒙版后利用自由变换调整大小，此时也可以根据自己的需求调整构图，如图3-3-10所示。

10.由于原始模板中的细节并不是很到位，发现竖版照片的“母层”没有与横板照片的“母层”对齐，选中竖版照片的“母层”后利用自由变换调整，达到上下完全对齐的效果，如图3-3-11所示。

11.原始模板中的文字位置也不是很合适，可以选中文字图层并利用移动工具适当调整位置和大小，两个文字图层都做调整，如图3-3-12所示。

图3-3-11

图3-3-12

12.因为模板也是有人设计出来的，所以不一定就很完美，也会存在一些问题。此模板的层次就显得很少，除了照片就是纯白背景。虽然简洁时尚，但也缺少了层次感。在白色背景层的上方创建新图层，利用矩形选区工具框选一个区域，如图3-3-13所示。

图3-3-13

13.点开前景色的拾色器，选择淡黄色，颜色是根据照片中色彩的感觉确定的，也可以根据自己对色彩搭配的理解进行选择，如图3-3-14所示。

14.选好颜色后直接将颜色填充到新建的图层上，此时可以看到画面中多了一层底色，如果颜色选得比较重，可以修改此图层的不透明度，如图3-3-15所示。

图3-3-14　　图3-3-15

15.画面中的照片显得有点小气，需要调整整体大小和布局。在套版中经常会有所调整，不是非得死搬硬套。在图层中选择除最底层以外的所有图层，注意要同时选择（按住Ctrl按键的同时操作鼠标加选图层），如图3-3-16所示。

图3-3-16

16.接下来调整整个画面的色彩，最后定出一个喜欢的色调。在图层面板下方打开调整层按钮，选择曲线调整层，针对这个画面，笔者采取了暗部加冷，亮部加暖的处理，如图3-3-17所示。

17.色调调整好后就可以存储文件了。此时一定要选择文件菜单下的存储为（另存为）命令，不能直接将模板覆盖，存储的时候先选择PSD分层格式进行存储，方便以后修改，如图3-3-18所示。

图3-3-17

图3-3-18

18.存好分层格式以后，转换为JPEG合层格式存储一次，JPEG格式属于万能格式，方便观看、传输以及输出，如图3-3-19所示。

19.至此，这张模板的套用就结束了，整个画面类似原始模板画面，但是在细节上做了一些改变和调整，如图3-3-20所示。

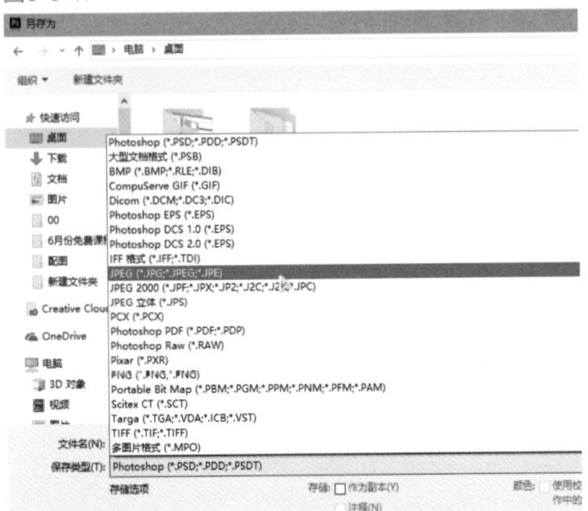

图3-3-19

图3-3-20

要根据自己的感觉去改变原始模板中不合适的部分，比如构图大小、背景色彩、文字大小及色彩等，一定要让自己做的图像尽善尽美。

2. 模板套用实例演示 2

1.打开想要套版的两张照片，这次选择的是两张竖版的照片，照片已经进行过精修和调色，如图3-3-21、图3-3-22所示。

图3-3-21

图3-3-22

2.从模板中选择一款具有两个竖版照片的模板，色调上稍有差异，没有关系，后面可以调整，如图3-3-23所示。

图3-3-23

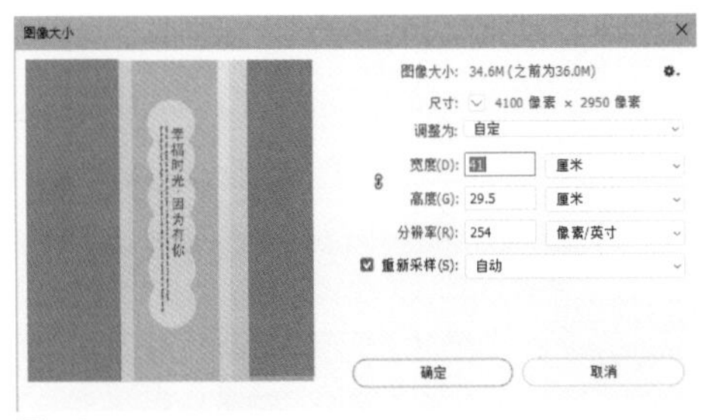

图3-3-24

3.还是按照12寸相册的尺寸修改模板尺寸，设置图像大小为41厘米×29.5厘米，分辨率为254像素／英寸，如图3-3-24所示。

4.将模板的中心线找出来，在视图菜单下选择“新建参考线”命令，取向选择“垂直”，“位置”输入50%，如图3-3-25所示。这样就可以得到模板的中心线，如图3-3-26所示。

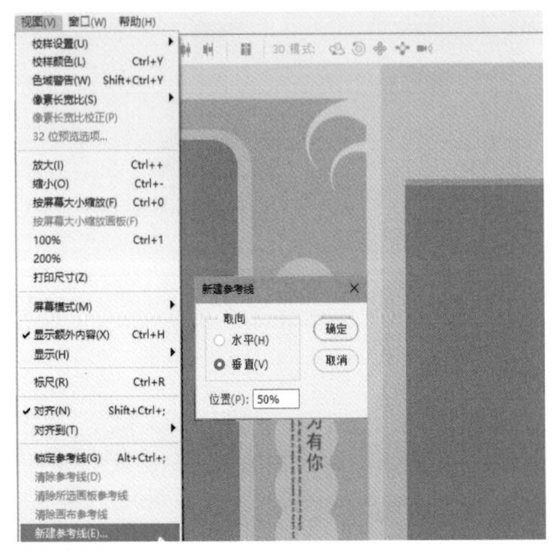

图3-3-25

图3-3-26

5.同时选择模板中原有的两个人像照片图层，然后单击鼠标右键，删除图层，如图3-3-27所示。

6.先选择模板中左侧图形的图层，然后利用移动工具拖入一张照片，此时可以看到照片正好处于形状图层（母层）的上方，如图3-3-28所示。

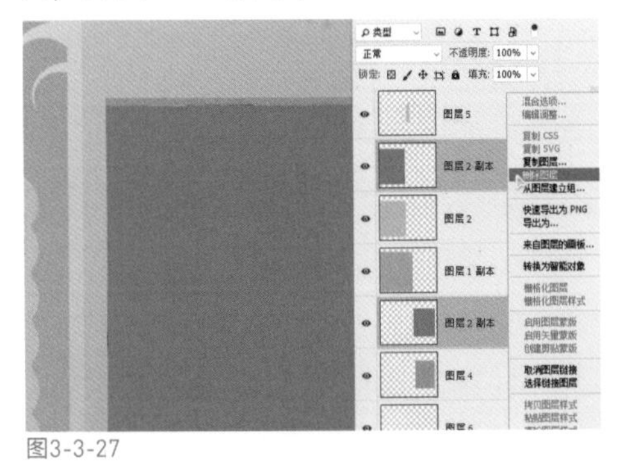

图3-3-27

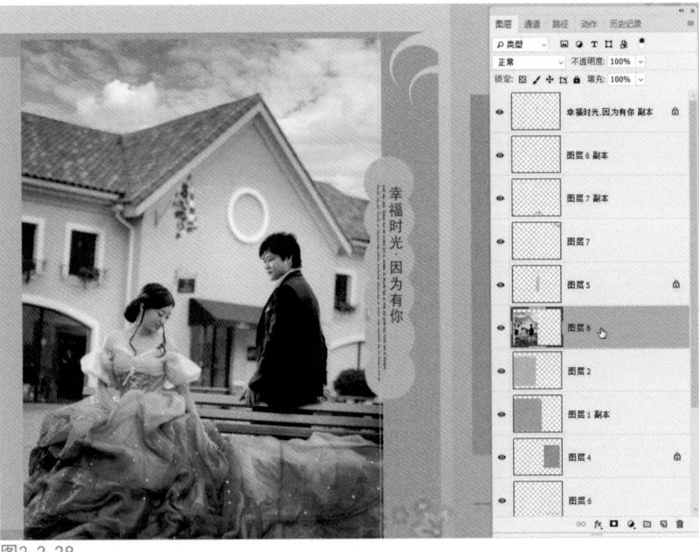

图3-3-28

7.将鼠标放在照片与形状图层中间的缝隙处，按住Alt键的同时单击鼠标左键，将照片置入形状图层，形成剪贴蒙版。接着针对照片图层的大小进行缩放，这里依然采取的是自由变换的方式，如图3-3-29所示。

8.选中模板中右侧的形状图层，利用移动工具拖入另外一张照片，同样照片会处于形状图层的上方，如图3-3-30所示。

图3-3-29

图3-3-30

9.使用同样的方式建立剪贴蒙版，让照片适应到图形中，利用自由变换适当调整照片的大小，如图3-3-31所示。

10.照片大小位置都调整好以后，模板就基本已经套用好了，接下来可以根据自己的喜好来调整整体色调。直接在最上层添加“色相/饱和度”调整层，选择蓝色，主要调整人物裙子的色彩，改变一些色相，让裙子色彩看上去柔和一些，如图3-3-32所示。

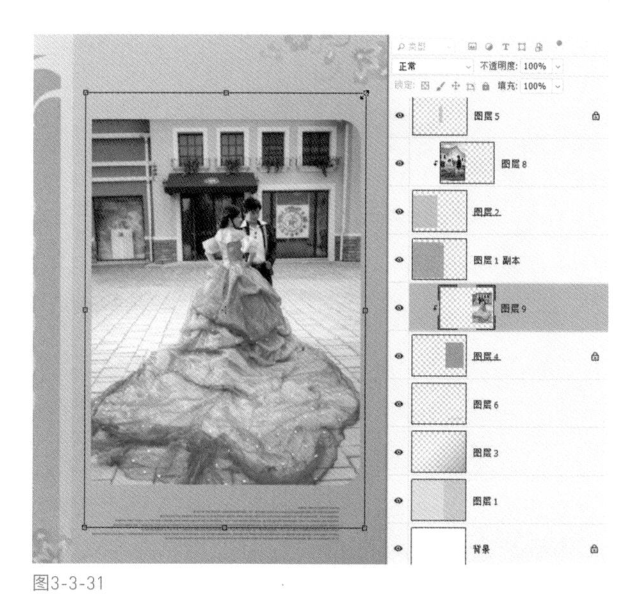

图3-3-31

图3-3-32

11.为整体添加“色彩平衡”调整层，针对画面的中间调做一些改变，让画面看上去更温馨，如图3-3-33所示。

12.调整色彩好以后，就可以存储了，存储为两个格式，一个分层的PSD或者TIF格式，一个合层的JPEG格式，最终套好模板的效果如图3-3-34所示。

图3-3-33

图3-3-34

3.3.2 融图风格模板套版技巧

融图风格模板的套用相对于框形风格来讲就显得有点难了，融图风格模板的套用主要采取图层蒙版结合渐变的形式来完成，偶尔也会采取改变图层不透明度的方式完成。在套版的过程中需要注意的是融合的过渡效果，不能出现明显痕迹的。修改不透明度以后，注意背景中的图案不要出现在人物的皮肤部分。具体的操作细节还请见下面的实例。

1. 模板套用实例演示 1

1.先打开模板，模板可以选择完全融合式的，也可以选择融合与框形结合的，如图3-3-35所示。

图3-3-35

图3-3-36

图3-3-37

2. 然后根据模板的感觉打开两张婚纱照片，如图3-3-36、图3-3-37所示。

3. 选定模板文件，选中模板中原有的照片图层，将其删除。此模板中一共有四个图层是需要删除的，如图3-3-38所示。

4. 这个模板的尺寸在此不做修改，如果有想要修改的尺寸可以利用图像大小命令中修改，接下来找到模板的中心线，还是用视图菜单中“新建参考线”的方式，选择垂直取向，位置为50%，如图3-3-39所示。

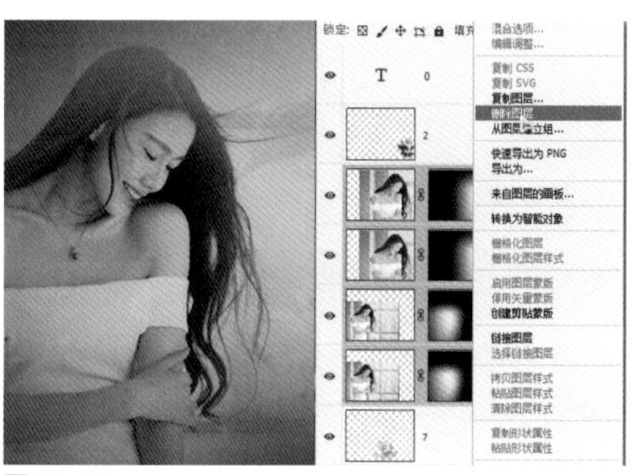
图3-3-38

图3-3-39

5. 中心线标出画面的中心，后面放照片的时候应尽量躲开人物的面部，如图3-3-40所示。

6. 利用移动工具将第一张婚纱照片拖入模板中，将图层放在背景层上方即可，通过自由变换命令调整照片大小及位置，如图3-3-41所示。

图3-3-40

图3-3-41

7. 给拖曳进来的照片添加图层蒙版，然后在工具栏中选择渐变工具。从渐变工具属性栏中打开“渐变编辑器”，选择第二个“前景色到透明渐变”（在以后的蒙版与渐变的结合中几乎都可使用这个渐变），将前景色设置为黑色，如图3-3-42所示。

8.在渐变工具的属性中选择“线性渐变”，先从照片的右侧边缘进行融合，鼠标从右侧边缘起，水平方向向左拖曳(按住Shift键可以保持水平或垂直)，拖动距离不可太长，如图3-3-43所示。

图3-3-42

图3-3-43

9.可以多操作几次，寻找渐变的规律。这里需要将照片中人物以外的背景与模板中的背景融合，自己掌握融合距离，融合效果如图3-3-44所示。

10.使用同样的方式融合照片的底部，可以对人物腿部进行融合，大概拖曳到腰部即可，如图3-3-45所示。

图3-3-44

图3-3-45

11.接着融合照片左上角部分，要注意不能将人物头部融合，如果融合过度，可以返回重新操作，渐变拖曳长度如图3-3-46所示。

12.四周融合完毕后，可以减少该图层的不透明度，这其实也是为追求一种梦幻的虚影效果，如图3-3-47所示。

图3-3-46

图3-3-47

图3-3-48

13. 这时将第二张婚纱照片拖曳到模板中，同样采取自由变换的方式进行缩放及位置的调整，如图3-3-48所示。

14. 此时觉得模板中原有的荷花装饰素材位置不是很合适，将荷花素材图层选中（两个图层），通过移动工具将其移动到左侧男士位置，如图3-3-49所示。

图3-3-49

15. 接着处理第二张照片，第二张照片是以小镜头的方式添加到模板中，但是照片单独出现会显得单调，需要给照片进行装饰。双击照片的图层条部分打开图层样式，从中点选描边效果，设置一个浅黄色，描边大小为1像素，不透明度为100%，给照片四周添加一个装饰的边，如图3-3-50所示。

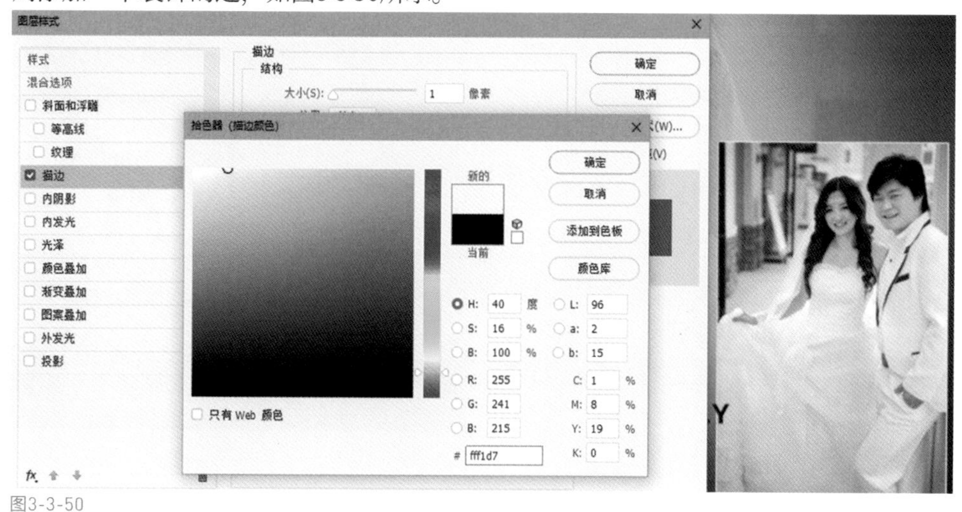

图3-3-50

16. 利用矩形选区工具，在照片四周选择一个矩形选区。在照片图层下方创建新图层，如图3-3-51所示。

17. 选择一个浅橙色作为前景色，填充到新建图层的选区里，这样照片后面就多出一层背景装饰框，如图3-3-52所示。

图3-3-51

图3-3-52

18. 直接应用这个装饰框有点呆板，可以调整该图层的不透明度，将其降低到37%，如图3-3-53所示。

19. 照片色彩与整个画面色彩相差太多，选中照片图层后利用图像菜单中整里的曲线命令进行色彩调整，略微减少蓝通道曲线即可，如图3-3-54所示。

图3-3-53

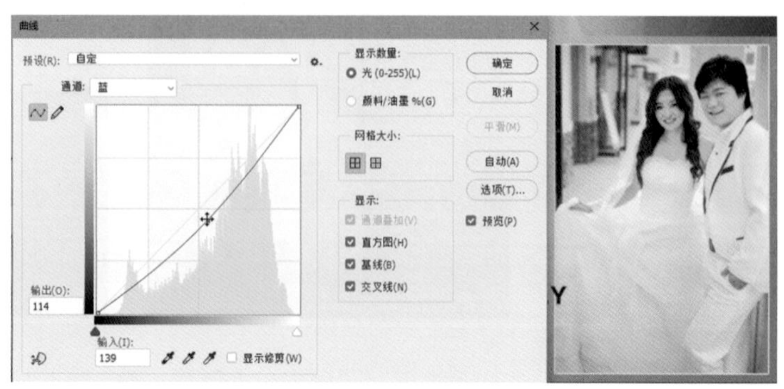

图3-3-54

20. 选中两个文字图层，适当调整文字图层的位置，尽量放在一些显得空旷的区域，如图3-3-55所示。

21. 整体给画面添加曲线调整层，对整体画面的明暗及对比进行调整，如图3-3-56所示。

图3-3-55

图3-3-56

22.进入蓝通道，将底点向上提，给画面的暗部加入冷色，将顶点向下压，给画面的亮色部分加入暖色，如图3-3-57所示。

23.为整体应用“色相/饱和度”命令，将全图的饱和度适当提高，不要调整得太过，如图3-3-58所示。

图3-3-57

图3-3-58

24.至此模板套用结束了，在文件菜单下选择“存储为”，存储模板为TIFF格式或者PSD格式，然后再转存为JPEG格式，最终套版效果如图3-3-59所示。

图3-3-59

2. 模板套用实例演示 2

1.选择一张融合式模板或者融合加框形模板，如图3-3-60所示。

2.根据模板选择一张横版构图的婚纱照片，此模板的套用就使用这一张照片来完成，如图3-3-61所示。

图3-3-60

图3-3-61

3.进入模板将人像模板中的大图（融合图）删除，一共有两个图层需要删除，如图3-3-62所示。

4.建立模板文件的中线，从视图菜单下打开“新建参考线”命令，设置取向为垂直，位置为50%，如图3-3-63所示。

图3-3-62

图3-3-63

5.建立好中线后将照片利用移动工具拖曳到模板中，然后利用“自由变换”命令调整照片在模板中的大小及位置，如图3-3-64所示。

6.给照片添加图层蒙版，在工具栏中选择渐变工具，设置渐变颜色为“景色到透明渐变”，然后设置前景色为黑色，如图3-3-65所示。

图3-3-64

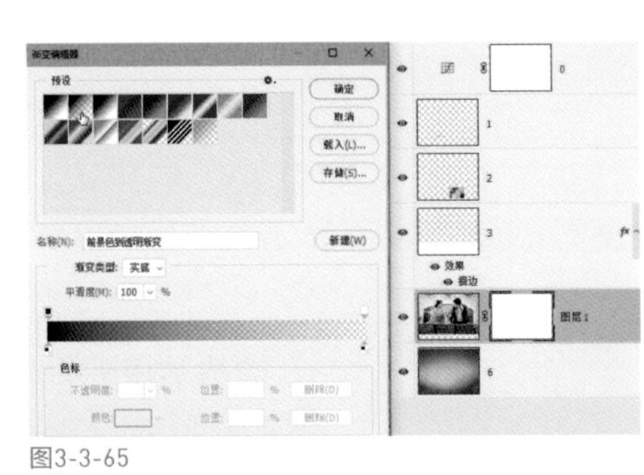

图3-3-65

图3-3-66

7.选择“线性渐变”，在图层蒙版中对照片四周进行融合，但是不要影响人物，如图3-3-66所示。

8.将照片图层的不透明度降低，这样照片融合后就会显得更虚幻，以此来体现画面的梦幻效果，如图3-3-67所示。

9.复制（Ctrl+J组合键）照片图层，给后面的操作准备好照片，如图3-3-68所示。

图3-3-67

图3-3-68

10.在复制出的图层蒙版上单击鼠标右键选择删除蒙版命令，如图3-3-69所示。

11.将复制出来的照片图层放到原模版中的小照片图层上方，建立剪贴蒙版，将人物照片置入到模板照片中，如图3-3-70所示。

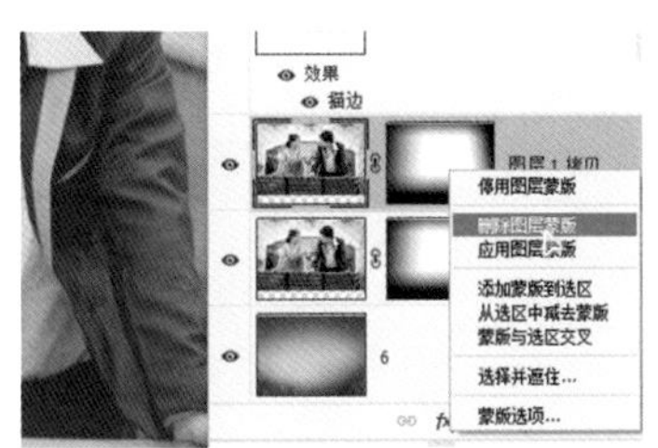

图3-3-69

图3-3-70

12.复制的照片比较大，通过自由变换命令，将照片缩小，缩到比“母层”略大一些即可，如图3-3-71所示。

13.选中“母层”，双击图层条部分打开图层样式对话框，点选描边效果。设置描边大小为1像素，颜色选择稍深一些的土黄色，如图3-3-72所示。

图3-3-71

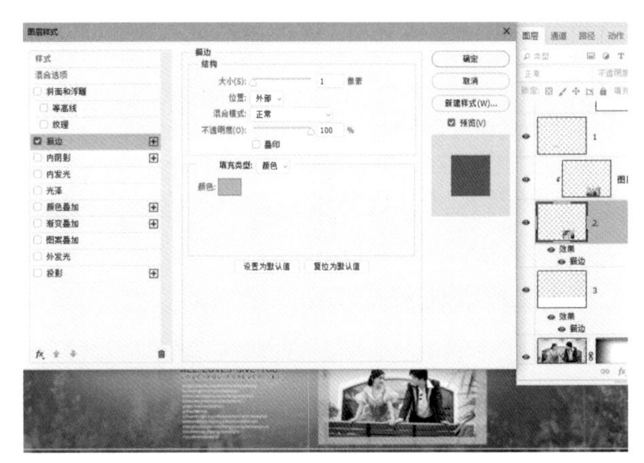
图3-3-72

14.接着调整色彩，为整体添加曲线调整层，适当加一些对比度，如图3-3-73所示。

15.选择蓝通道，将底点向上提，给暗部加入点蓝色。将顶点向左拖曳，让亮部减少点黄色，如图3-3-74所示。

图3-3-73

图3-3-74

16.选择绿通道，将底点稍微向右拖动，给暗部加点洋红。将顶点向左拖动，给亮部入点绿色，如图3-3-75所示。

17.最后保存套好的模板，同样保存为TIFF（或PSD）分层格式，再保存一张JPEG格式，如图3-3-76所示。

图3-3-75

图3-3-76

3.3.3 婚纱照的套版技巧

婚纱模板的套用技巧和前面的套用其实大同小异。认真学习下面实例的操作就能从中体会到细节的掌控技巧。

1. 模板套用实例演示 1

1.打开一张符合婚纱设计的模板，婚纱照和情侣照的模板都可以，如图3-3-77所示。

图3-3-77

2.根据自己需要的尺寸对模板的尺寸进行修改，在图像菜单下打开“图像大小”命令，将模板尺寸修改为41厘米×13.66厘米，分辨率为254像素/英寸，如图3-3-78所示。

3.接着打开需要套版的婚纱照片，如图3-3-79、图3-3-80、图3-3-81所示。

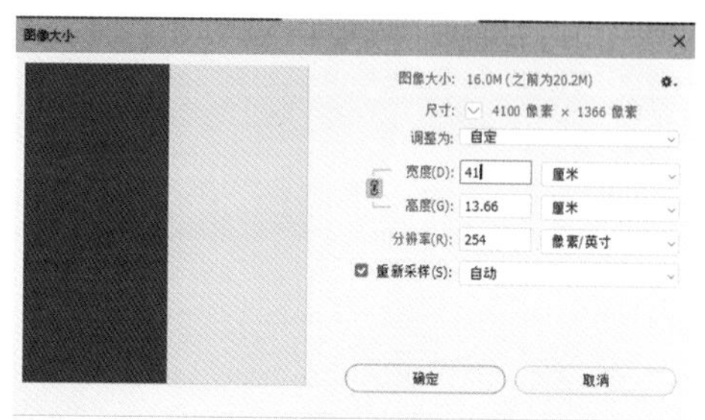

图3-3-78

图3-3-79

图3-3-80

图3-3-81

4.模板是框形的，所以不需要删除模板中的原始照片，需要将它们保留下来当作“母层”。先在模板中选择大照片的图层，然后选择一张婚纱照片，利用移动工具将照片拖曳到模板中，如图3-3-82所示。

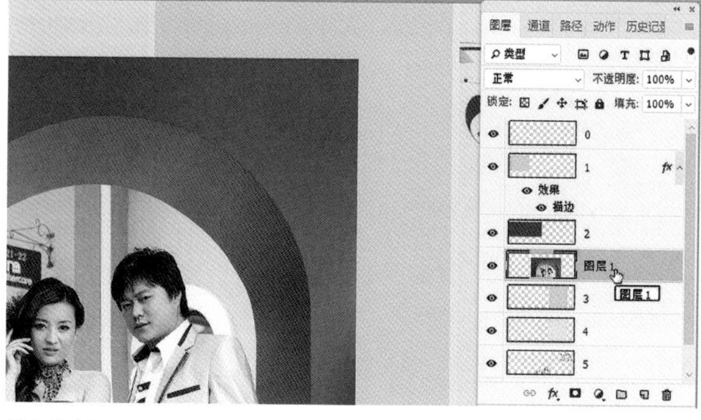

图3-3-82

5.拖曳照片进来后将照片置入下面图层，建立剪贴蒙版，然后利用“自由变换”命令对照片的大小进行调整，宽度要大于下面的“母层”，如图3-3-83所示。

6.接着选择模板中的另外一个照片图层，然后将其他婚纱照片利用移动工具拖曳进来，如图3-3-84所示。

图3-3-83

图3-3-84

7.建立剪贴蒙版，使照片适合到模板的原始图层中，然后利用“自由变换”命令适当进行调整，宽度略大于形状图层的宽度即可，如图3-3-85所示。

8.使用同样的方式将第三张照片拖入，拖入后让第三张照片的图层处于第二张照片图层的上方，如图3-3-86所示。

图3-3-85

图3-3-86

9.将第三张照片也适合到图形中，此时出现的剪贴蒙版是一个“母层”和两个“子层”。然后使用“自由变换”调整第三张照片大小，可以根据设计需要进行缩放，如图3-3-87所示。

10.选中模板中的底色图层2，进入前景色拾色器，选择一个蓝色，如图3-3-88所示。

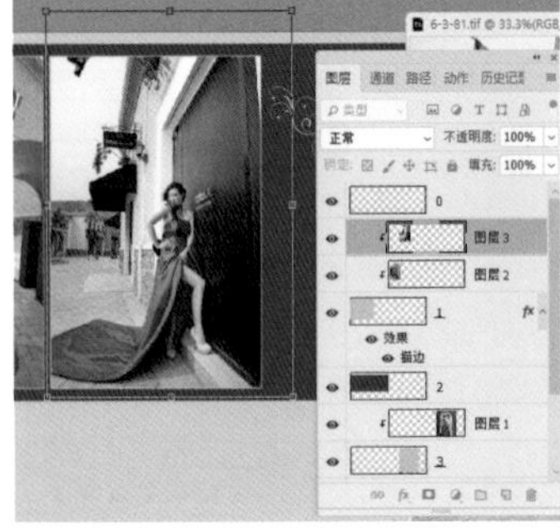

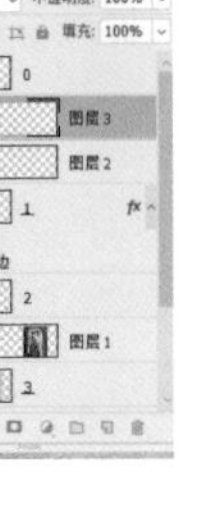

图3-3-87

图3-3-88

11.使用Shift+Alt+Delete组合键将选好的前景色填充到图层2里面，这样照片后面的底色就会变成蓝色，不过此颜色为临时色彩，后面也许还会进行调整，如图3-3-89所示。

12.选择模板中最底下的背景图层，再次进入前景色拾色器，选择浅蓝色，如图3-3-90所示。

图3-3-89

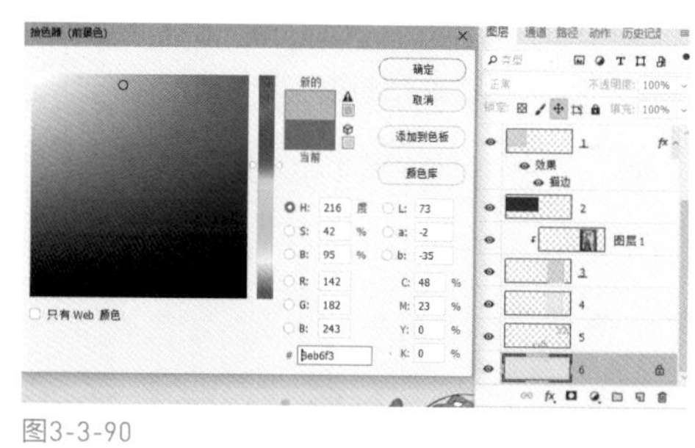

图3-3-90

13.直接使用Alt+Delete组合键将颜色填充到底层上，如图3-3-91所示。

14.选择图层4，设置蓝色，这次的蓝色介于前面两个蓝色的中间，如图3-3-92所示。

图3-3-91

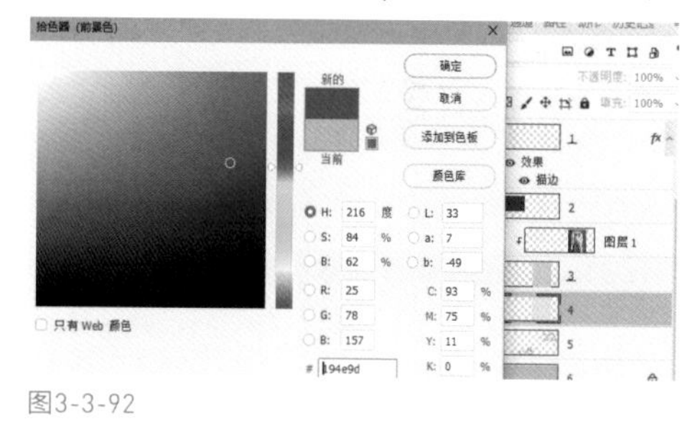

图3-3-92

15.将选择的蓝色填充到选中的图层里，但是要保持图形的形状，使用Shift+Alt+Delete组合键填充最佳，如图3-3-93所示。

16.两张小照片的“母层”所添加的描边为黄色，不符合本模板的色彩搭配，选择“母层”，然后在图层条位置双击鼠标，打开图层样式，点击描边效果，将描边颜色修改为纯白色，如图3-3-94所示。

图3-3-93

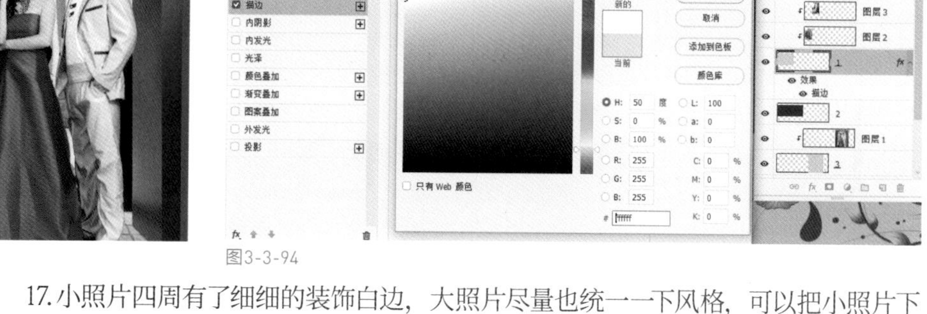

图3-3-94

17.小照片四周有了细细的装饰白边，大照片尽量也统一一下风格，可以把小照片下“母层”中的图层样式复制给大照片下的“母层”，按住Alt键并用鼠标左键拖动即可复制，如图3-3-95所示。

18.接下来编辑文字的颜色，把所有细节都做到位。先选择文字图层，然后设置前景色为浅蓝色，如图3-3-96所示。

图3-3-95

图3-3-96

19.使用Shift+Alt+Delete组合键将选取的颜色填充到文字里，此时文字由原来的黄色变成了浅蓝色，如图3-3-97所示。

20.调整装饰花纹，原始模板中所运用的花纹素材太过显眼，所以利用图像菜单下的去色命令将花纹颜色转变成黑白。接着直接打开图像菜单下调整里的曲线，提升花纹的明度，如图3-3-98所示。

图3-3-97

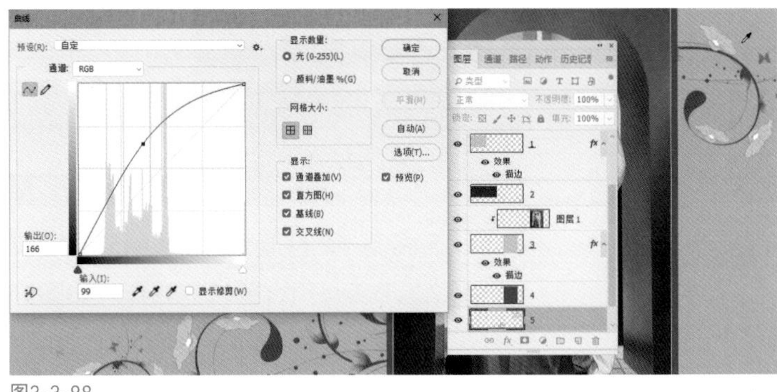

图3-3-98

21.选择曲线的蓝通道，给花纹加点蓝色，如图3-3-99所示。

22.选择曲线的红通道，减少红色，给花纹添加点青色效果，如图3-3-100所示。

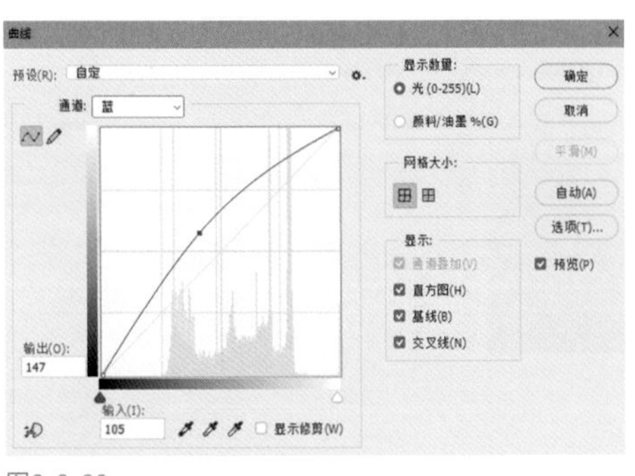

图3-3-99

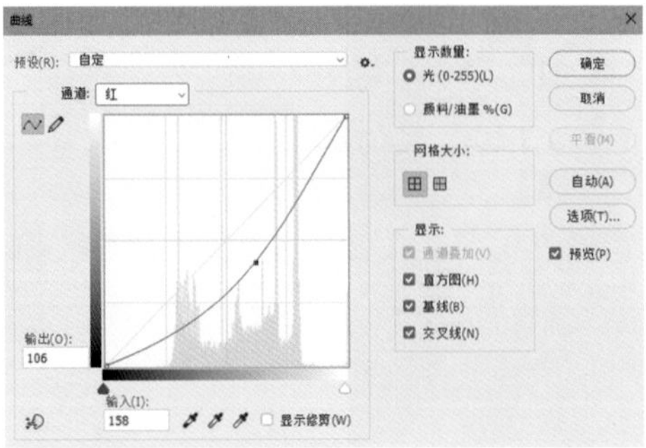

图3-3-100

23.按住Ctrl键的同时点击其中一个“母层”的缩略图位置，调出此“母层”的选区，然后按住Ctrl+Shift组合键，点击另一个“母层”的缩略图位置，加选另一个“母层”的选区，如图3-3-101所示。

图3-3-101

24.选区调出以后在选择菜单下选择“反选”命令，此时就选择到除了照片的所有部分，如图3-3-102所示。

25.给选区“添加色相/饱和度”调整层，适当调整色相，让色彩倾向一些偏青的色彩，然后加一点饱和度，让色彩鲜艳一些，如图3-3-103所示。

图3-3-102

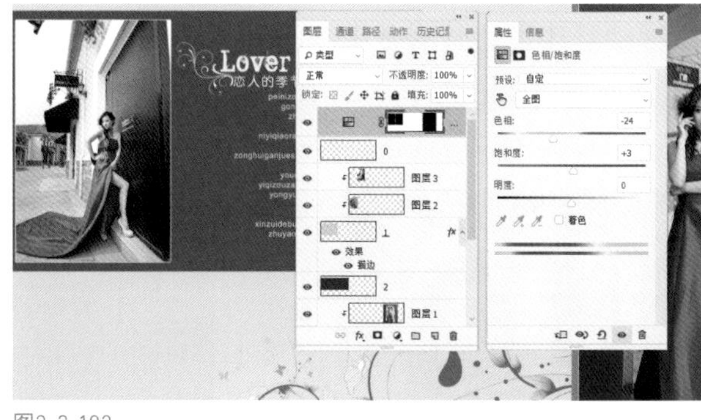

图3-3-103

26.按住Ctrl键的同时点击刚才调整层的蒙版部分，将刚才应用的选区再次调出，然后添加一个纯色调整层，将颜色设置为浅黄色，如图3-3-104所示。

27.将纯色调整层的图层混合模式修改为正片叠底，这样该图层就融合到了画面中，并且带有一定的黄色混合，与原来的颜色混合成暖青色，比较符合照片的风格色调，如图3-3-105所示。

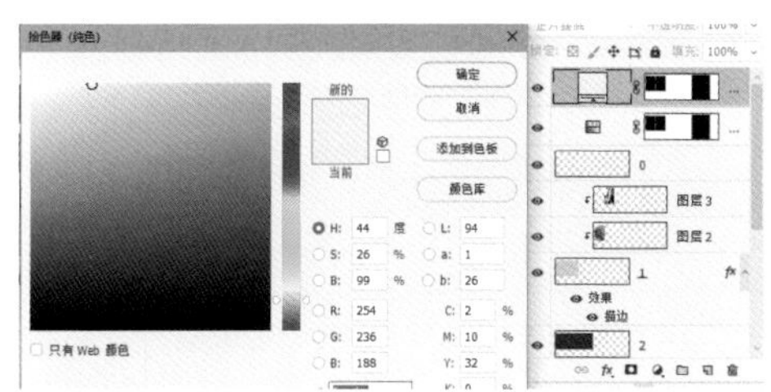

图3-3-104

图3-3-105

28.此时模板的色彩及各个细节就处理好了，利用“另存为”命令将套好模板的照片存储成TIFF（或PSD）格式，然后再转存一张JPEG格式，整个套版结束，最终效果如图3-3-106所示。

图3-3-106

2. 模板套用实例演示 2

1.打开需要套版的婚纱照片，如图3-3-107、图3-3-108、图3-3-109所示。

图3-3-107

图3-3-108

图3-3-109

2.打开一张婚纱类模板，如图3-3-110所示。

3.模板的框架已经错开了画面的中心线，所以此模板不需要创建中心线。根据设计需要修改模板尺寸，在图像菜单下的“图像大小”中将尺寸修改为41厘米×29.74厘米，分辨率为254像素/英寸，如图3-3-111所示。

图3-3-110

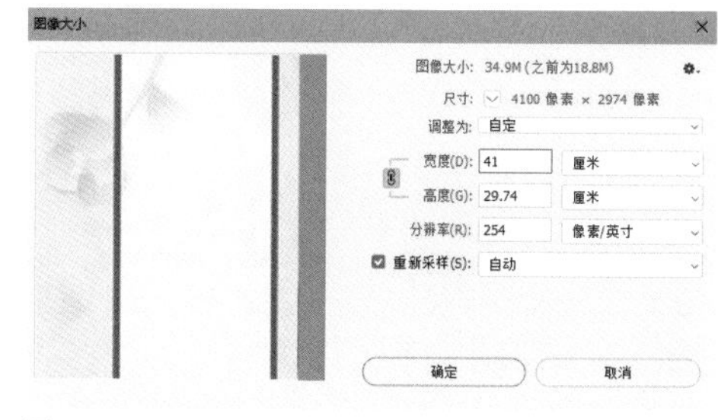

图3-3-111

4.此时可以直接进行套版了，选择模板中的大照片，然后利用移动工具拖曳一张婚纱照片进入模板，如图3-3-112所示。

5.将拖进的照片置入模板中的图层，建立剪贴蒙版，然后利用自由变换适当调整大小，比底层照片稍微大一些即可，如图3-3-113所示。

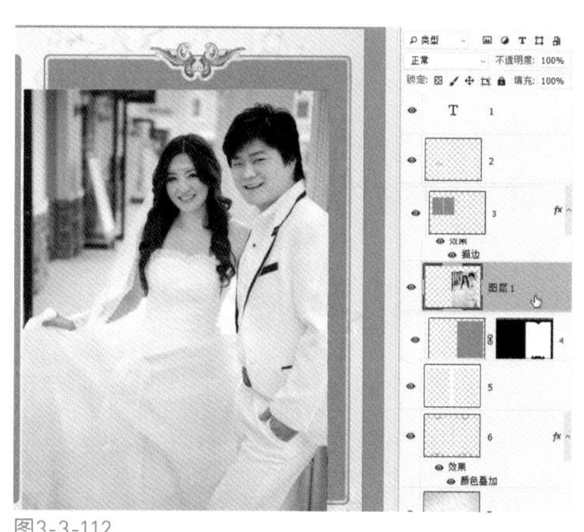

图3-3-112

图3-3-113

6.采用同样的方式，选择模板中另一个照片图层，然后使用移动工具拖入第二张照片，如图3-3-114所示。

7.将第二张照片置入对应图层，建立剪贴蒙版，自由变换调整第二张照片的大小，根据需要进行构图调整，如图3-3-115所示。

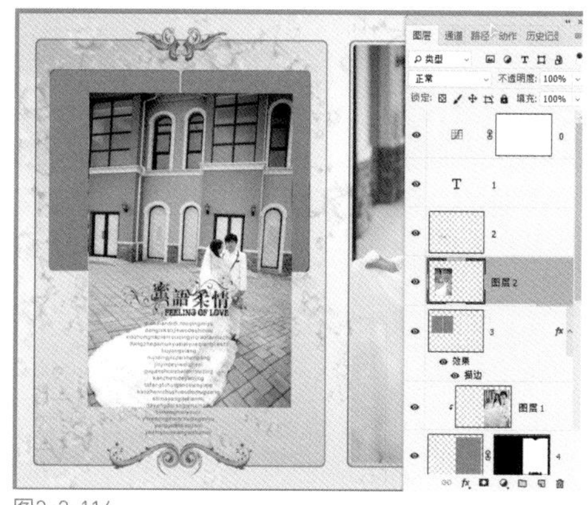

图3-3-114

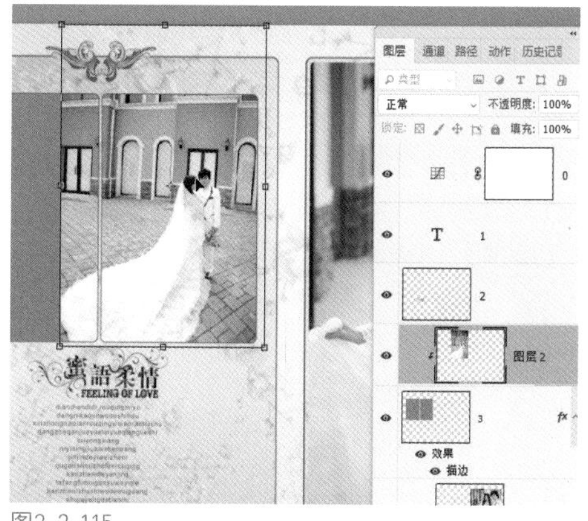

图3-3-115

8.直接拖入第三张照片，第三张照片需要在第二张照片的上方，如图3-3-116所示。

9.建立剪贴蒙版，然后自由变换调整第三张照片的大小，如图3-3-117所示。

图3-3-116

图3-3-117

图3-3-118

10.套进照片后，调整色彩，原始模板中最上层的曲线调整层对照片色彩的影响很大，可以直接关闭，如图3-3-118所示。

图3-3-119

11.重新建立曲线调整层，进入绿通道，底点和顶点都适当改变，添加一点绿色效果，如图3-3-119所示。

图3-3-120

12.存储文件，存储格式同以前的模板，一张TIFF（或PSD）格式，一张JPEG格式，最终效果如图3-3-120所示。

3.3.4 儿童照的套版技巧

儿童模板的套用比婚纱和写真的套版要求都要高一些，一个是色彩上的要求，在套版过程中可以根据孩子的年龄适当添加较鲜艳的颜色，年龄越小的儿童色彩可以越鲜艳。再者就是对照片构图的要求，尽量保持原始照片的构图，不要裁切太多，尤其是尽量保持头部完整。第三就是文字的运用，如果模板中的文字内容不太符合儿童，必须要修改或者替换。

1. 模板套用实例演示 1

1.打开一张儿童模板，模板为方板，如图3-3-121所示。

图3-3-121

2.打开三张儿童照片，如图3-3-122、图3-3-123、图3-3-124所示。

图3-3-122

图3-3-123

图3-3-124

3.在图像菜单下打开图像大小命令，修改模板尺寸为40厘米×20厘米，分辨率为254像素/英寸，如图3-3-125所示。

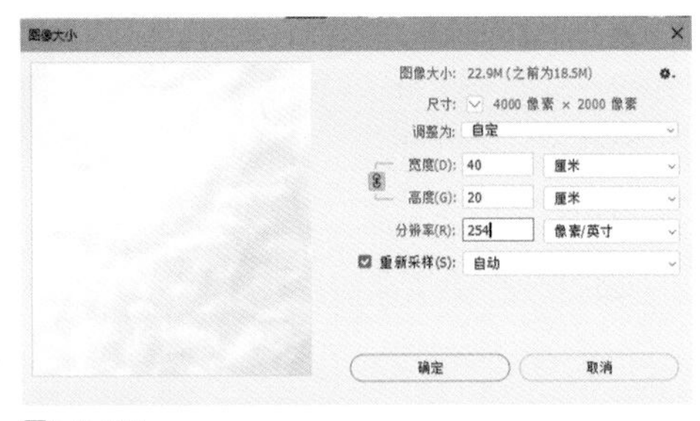

图3-3-125

4.儿童模板必须要设置中心线，以免照片中人物部分被误放到中线部分。在视图下打开“新建参考线”，设置取向为垂直，位置为50%，如图3-3-126所示。

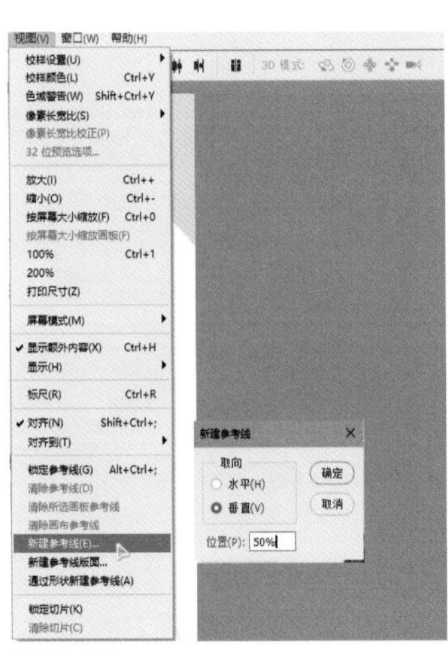

图3-3-126

5.在模板中选择右侧大照片图层，打开一张照片，利用移动工具将照片拖曳到模板中，如图3-3-127所示。

图3-3-127

6. 利用编辑菜单下的“自由变换”命令调整照片的方向，在“自由变换”的状态单击鼠标右键，选择“水平反转”命令，如图3-3-128所示。

7. 将照片置入到模板图层中，创建剪贴蒙版，如图3-3-129所示。

图3-3-128

图3-3-129

8. 选中刚才的“母层”，在图层条中双击鼠标打开图层样式对话框，选定描边效果，设置大小为4像素，描边颜色可以从照片中的花卉中吸取，如图3-3-130所示。

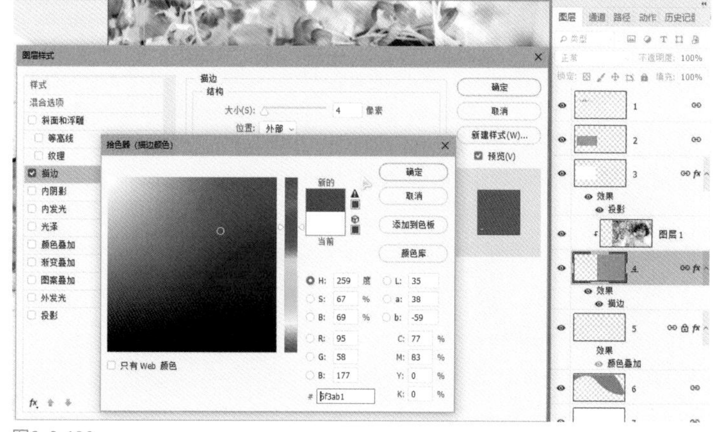

图3-3-130

9. 选择模板中另外的照片图层，然后拖入第二张照片，让其处于置入图层的上方，如图3-3-131所示。

图3-3-131

10. 打开“自由变换”，单击右键选择“水平翻转”，改变人物的方向，如图3-3-132所示。

11. 拖入第三张照片，同样先用“自由变换”中的“水平翻转”转换人物方向转换，如图3-3-133所示。

12.然后根据画面需要调整照片的构图，大小跟第二张接近即可，如图3-3-134所示。

图3-3-132

图3-3-133

图3-3-134

13.将后两张照片置入并建立剪贴蒙版，然后选择“母层”，在“母层”图层条中双击打开“图层样式”对话框，设置颜色和前面描边颜色相同，描边大小为2像素，如图3-3-135所示。

14.选中图层6，也就是带有弧度形状的图层，打开拾色器并选择蓝紫色，如图3-3-136所示。

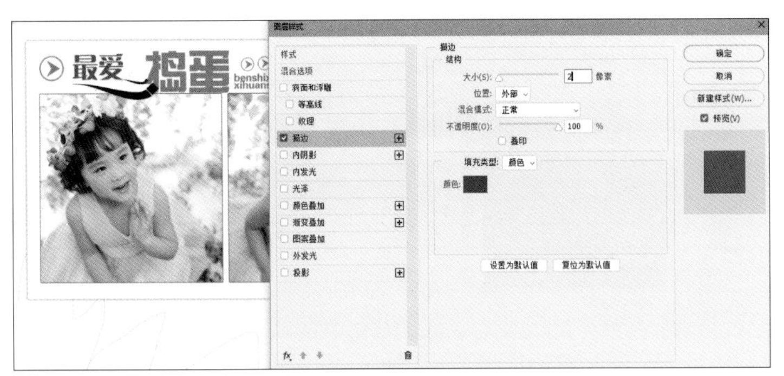
图3-3-135

图3-3-136

15.可以使用Shift+Alt+Delete组合键将刚才选中的颜色填充到选中的图层中，填充完毕后将该图层不透明度调整为60%，如图3-3-137所示。

16.选中图层3，也就是小照片后面的白色底层，双击图层条部分打开“图层样式”对话框，点选投影效果，设置颜色为较深的蓝紫色，这样此图层的边缘也就与其他边缘色彩一致了，如图3-3-138所示。

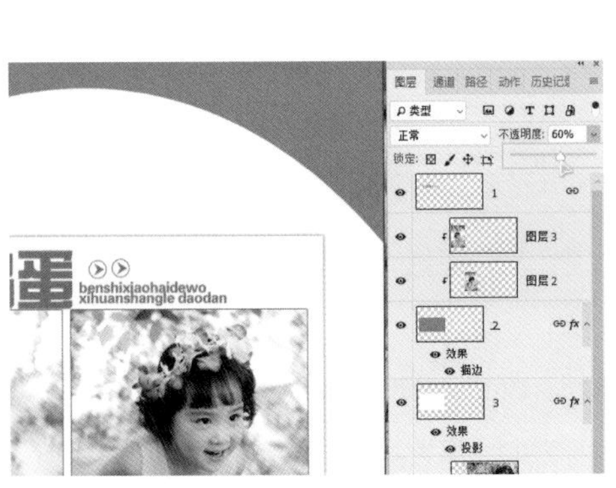
图3-3-137

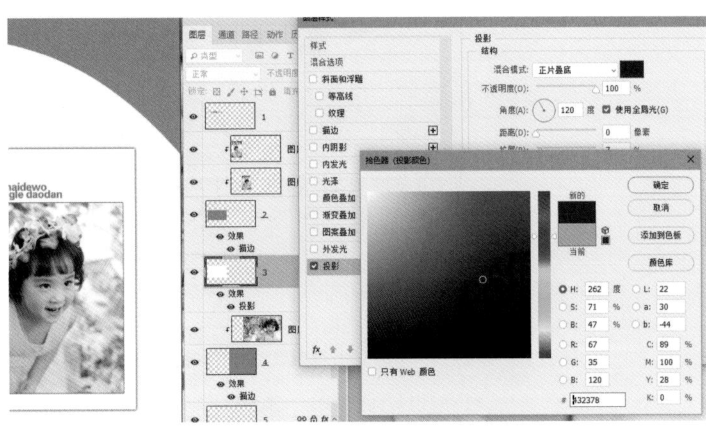
图3-3-138

17.现在文字的颜色有点不协调，选中文字图层1，将前景色设置为和前面相同的色彩，然后使用Shift+Alt+Delete组合键将文字颜色填充为选好的色彩，如图3-3-139所示。

18.画面中还有一条装饰用的波浪线，选中该图层，然后同样使用Shift+Alt+Delete组合键进行填充，如图3-3-140所示。

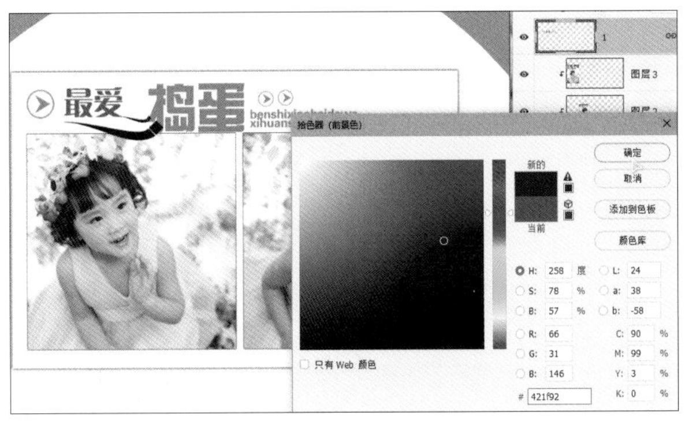

图3-3-139

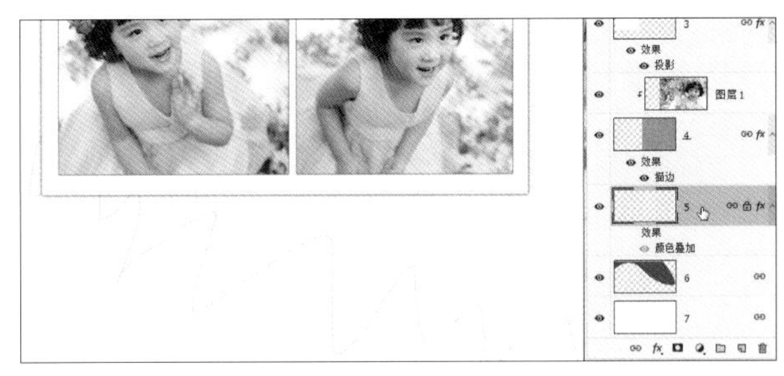

图3-3-140

19.需要修改的局部色彩就搞定了，接下来调整整个画面的色彩，在最顶层添加曲线调整层，进入蓝通道将底点与顶点往相反方向调整，给画面的暗部加入冷色，给亮部加入暖色，如图3-3-141所示。

图3-3-141

20.进入绿通道进行调整，将底点向右稍微移动，让暗部偏一点紫色，将中点向上稍微移动，为整个画面加点暖绿，如图3-3-142所示。

图3-3-142

21.在最上层添加“色相/饱和度”调整层，适当提高一些整个画面饱和度，让画面鲜艳一些，如图3-3-143所示。

图3-3-143

22.选择青色进行调整，将色相向左移动一点，校准含有青色的部分，然后将饱和度适当提高，如图3-3-144所示。

图3-3-144

23.选择洋红进行调整，将色相向右校准，增加一些纯度，这样画面中的紫色会更鲜艳，如图3-3-145所示。

图3-3-145

24.最终效果如图3-3-146所示。最后进行存储，存储两个文件，一个为分层格式，另一个为合层格式。

图3-3-146

2. 模板套用实例演示 2

1.打开需要套用的模板，这里依然选择方形模板，在儿童模板中方形模板比较常见，如图3-3-147所示。

图3-3-147

2.打开需要套版的照片，如图3-3-148、图3-3-149所示。

图3-3-148

图3-3-149

3.选定模板，修改尺寸，设置尺寸为40厘米×20厘米，分辨率为254像素/英寸，如图3-3-150所示。

4.设定中心线，在视图菜单下打开“新建参考线”命令，设置其取向为垂直，位置为50%，如图3-3-151所示。

图3-3-150

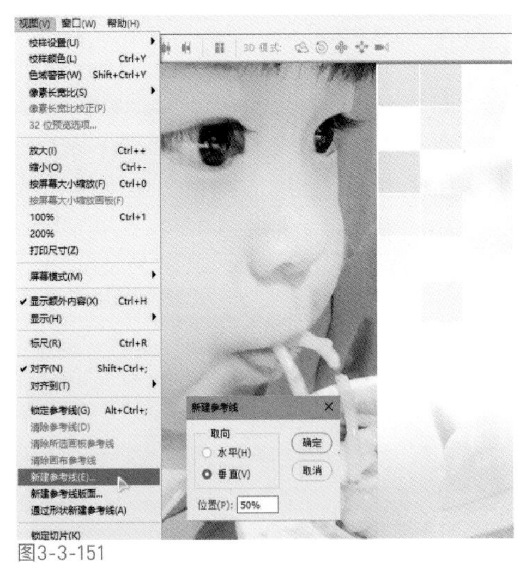

图3-3-151

5.在模板中选定左侧大照片的图层，然后利用移动工具将拖入一张打开的照片，拖入后照片图层会自动处于选中图层的上方，如图3-3-152所示。

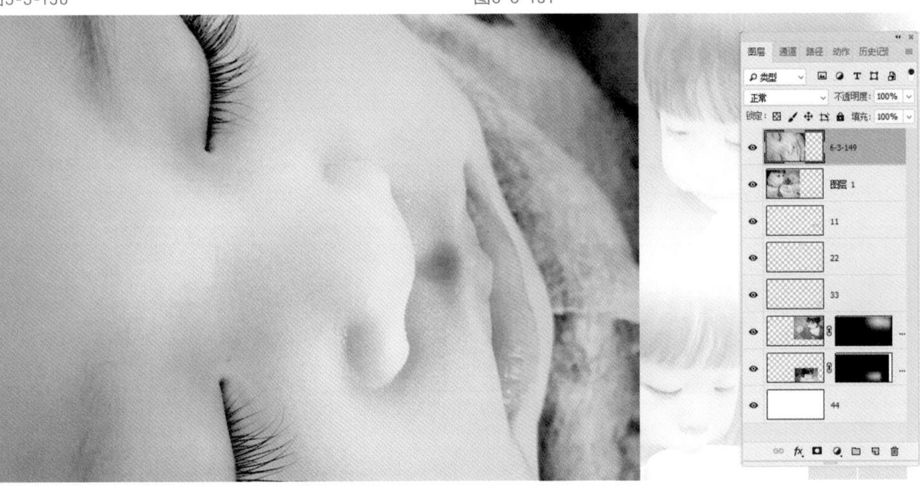

图3-3-152

6.利用“自由变换”命令调整照片大小，这张照片要用作特写，所以尽量放大一些，但是要注意中线不要处于下巴上，所以将其稍微向左移动一些躲开中心线，如图3-3-153所示。

7.选中模板中的照片图层，也用“自由变换”命令调整，把多出去的部分缩回来，如图3-3-154所示。

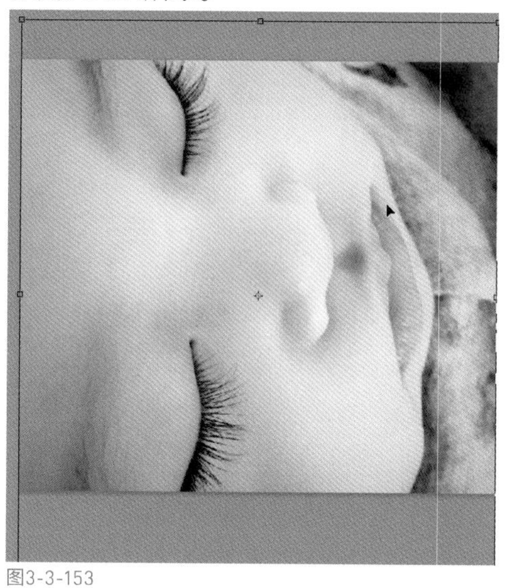
图3-3-153

图3-3-154

8.选中模板中的三个装饰用的图层，利用移动工具向左侧移动，贴近左侧照片边缘，如图3-3-155所示。

9.选中右侧两个照片图层，单击右键将它们删除，如图3-3-156所示。

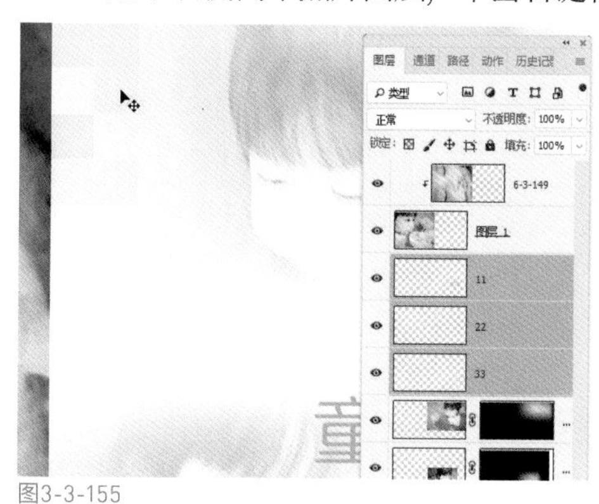
图3-3-155

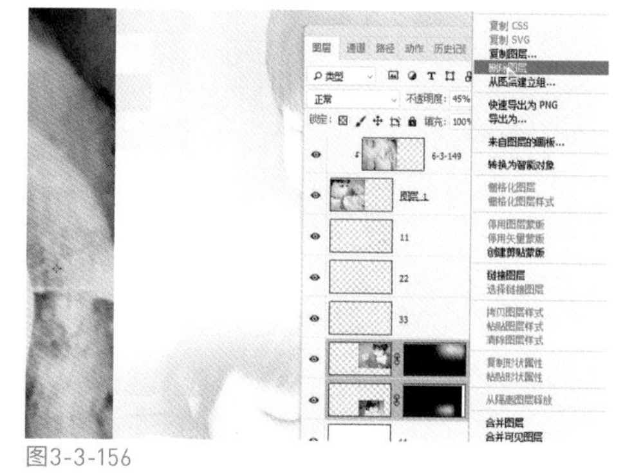
图3-3-156

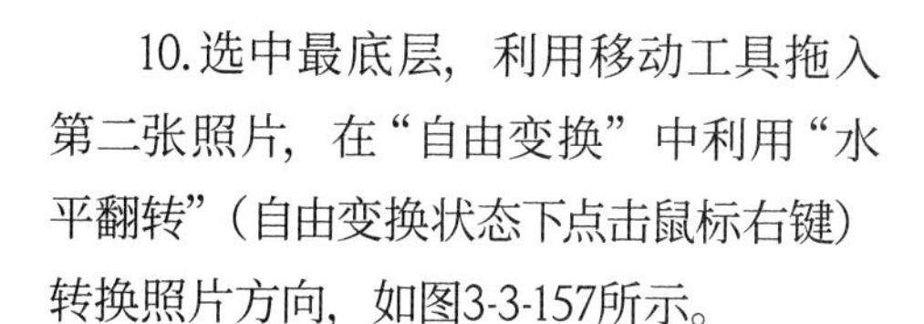

10.选中最底层，利用移动工具拖入第二张照片，在“自由变换”中利用“水平翻转”（自由变换状态下点击鼠标右键）转换照片方向，如图3-3-157所示。

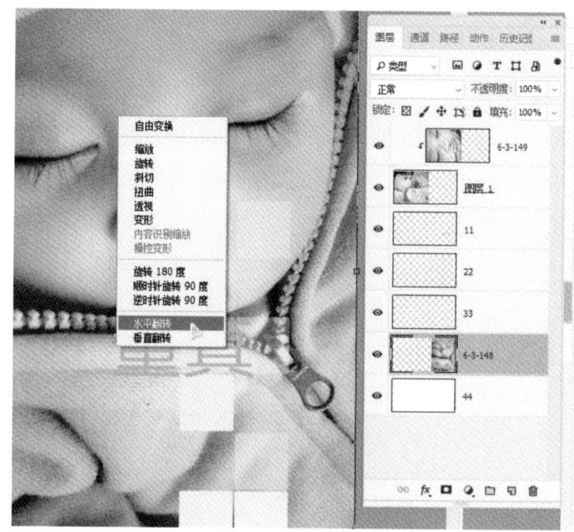
图3-3-157

11.大小、位置、方向都调整好以后降低图层的不透明度，根据自己感觉调整即可，如图3-3-158所示。

12.选定右侧装饰色块的图层，利用自由变换，调整大小及位置，如图3-3-159所示。

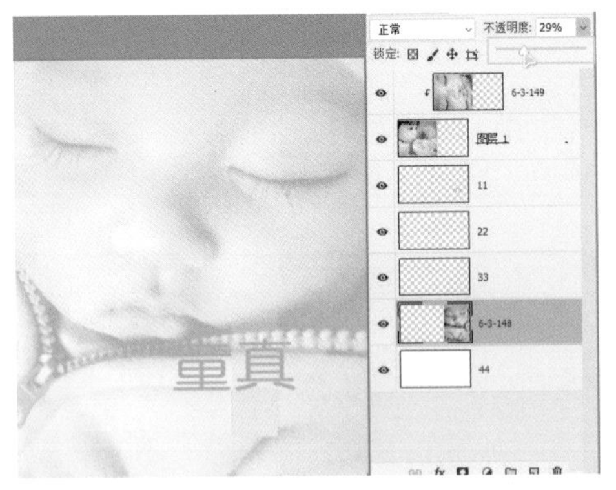
图3-3-158

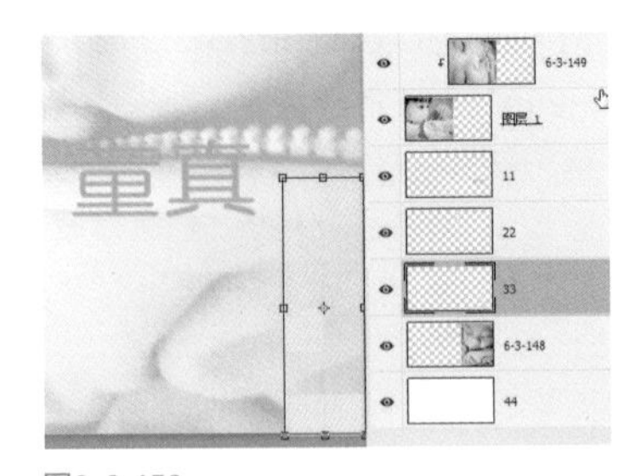
图3-3-159

13.打开前景色拾色器，选定深一些的橙色，之后选定装饰色块图层，如图3-3-160所示。

14.利用快捷键将两个装饰色块的颜色都填充为选定的深橙色，如图3-3-161所示。

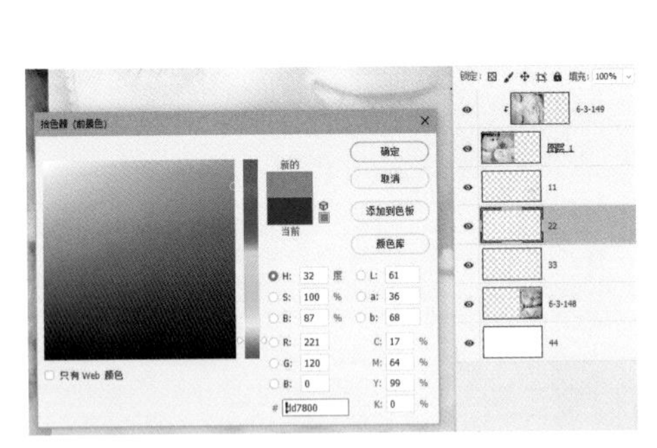
图3-3-160

图3-3-161

15.文字的颜色也需要修改，直接用选好的颜色填充即可，顺便调整文字的位置，如图3-3-162所示。

16.选定最下方图层，将原始的纯白色底色填充为浅黄色底色，这样整个画面就会出现一种温馨的暖色，如图3-3-163所示。

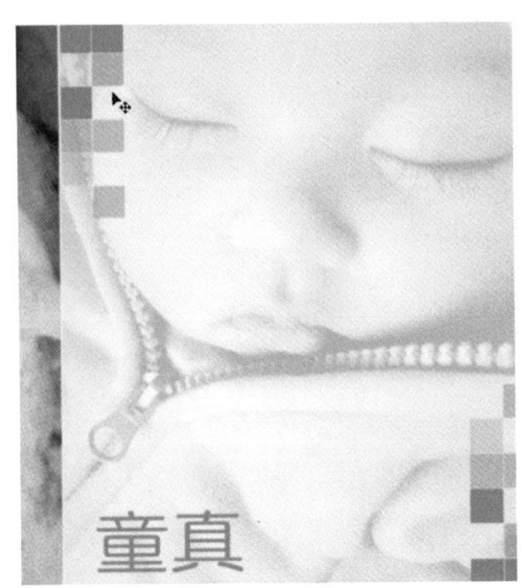

图3-3-162

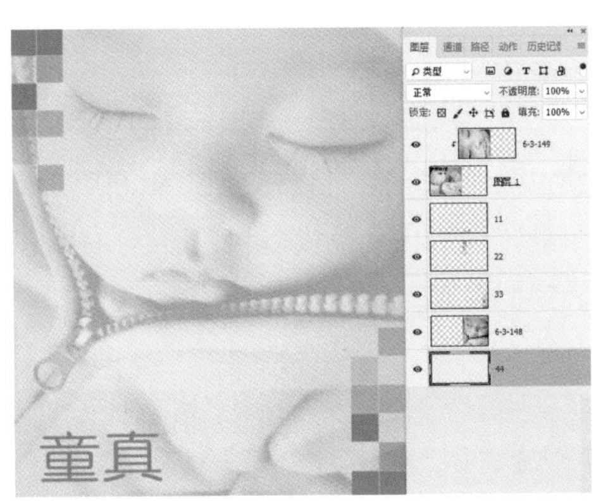

图3-3-163

17.接下来调整整体画面的颜色，在最顶层添加曲线调整层，进入蓝通道，将顶点和底点向反方向调整，给暗部加冷，亮部加暖，如图3-3-164所示。

18.为最顶层添加“色相/饱和度”调整层，选择“全图”进行色相校准，并降低饱和度，让整个画面变得更柔和一些，如图3-3-165所示。

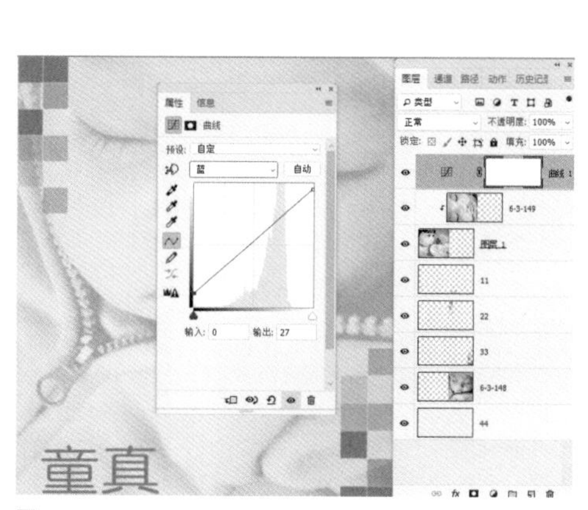

图3-3-164

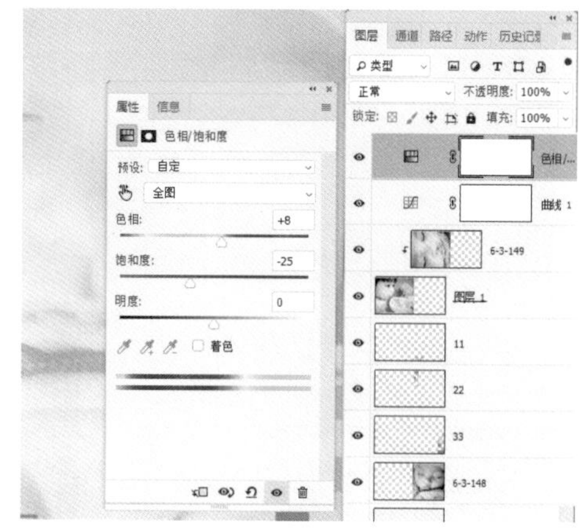

图3-3-165

19.至此模板套用结束，最终效果如图3-3-166所示。记着一定要保存为分层和合层格式。

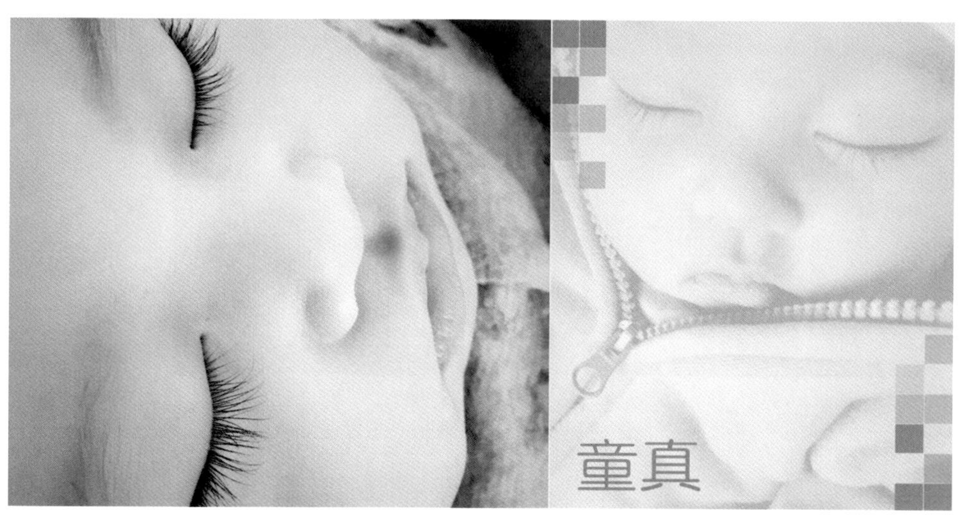

图3-3-166

3.3.5 写真照的套版技巧

写真模板相对其他模板来讲要更有个性，无论是构图还是色彩都可以表现得很个性，当然也可以保持中规中矩的处理手法。一般的写真以时尚为主要设计风格，所以在套用模板的时候多注意时尚元素及个性构图的保留，一些装饰元素以及文字元素的色彩也要设计好。

1. 模板套用实例演示 1

1.打开一张写真模板，模板中采取了比较个性的对角线三角构图，属于设计中比较大胆的构图形式，如图3-3-167所示。

图3-3-167

2.打开三张写真照片，如图3-3-168、图3-3-169、图3-3-170所示。

图3-3-168

图3-3-169

图3-3-170

3.在模板中选择所有的照片图层，单击右键将这些图层删除，如图3-3-171所示。

4.选定模板右侧两个矩形框图层，利用“自由变换”适当调整大小，适当调整两个矩形中间的缝隙，尽量将所有细节都做到位，如图3-3-172所示。

图3-3-171

图3-3-172

5.设定模板文件的尺寸，尺寸设定为40厘米×20厘米，分辨率为254像素/英寸，如图3-3-173所示。

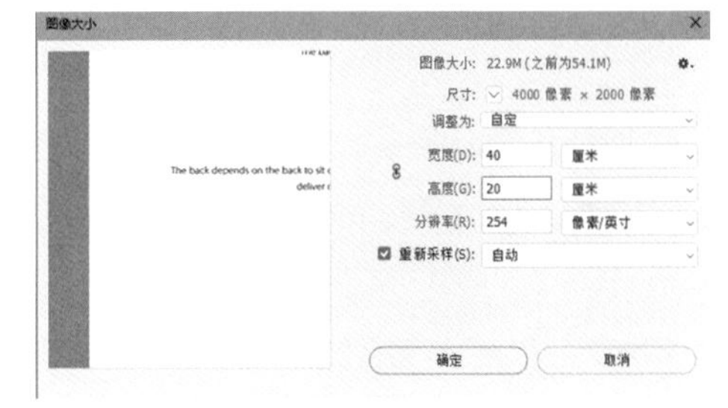

图3-3-173

6.在模板中选择三角形图层，然后利用移动工具将一张写真照片拖进模板中，照片图层会自动处在三角形图层的上方，如图3-3-174所示。

图3-3-174

7.将照片图层直接置入到三角形图层中，建立剪贴蒙版，然后利用“自由变换”对照片进行缩放，如图3-3-175所示。

8.从模板中选择最左侧矩形框图层，然后利用移动工具拖入第二张写真照片，照片会自动放置在矩形图层的上方，如图3-3-176所示。

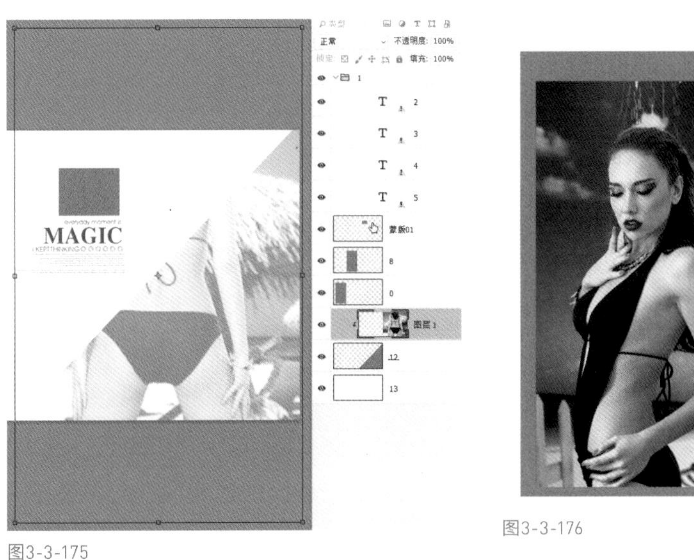

图3-3-175

图3-3-176

9.将照片置入图层创建剪贴蒙版，利用“自由变换”进行对照片的缩放调整，此时要注意调整照片的构图，如图3-3-177所示。

10.采用同样的方式在模板中选择另一个矩形框图层，然后利用移动工具拖入第三张照片，如图3-3-178所示。

图3-3-177

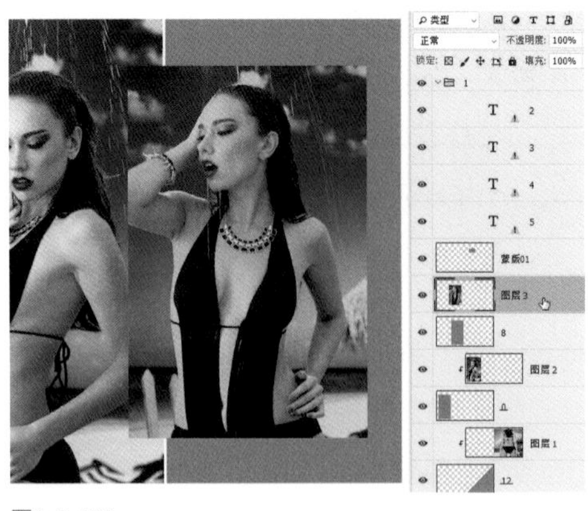
图3-3-178

11.然后创建剪贴蒙版，利用自由变换命令缩放照片，调整好构图，如图3-3-179所示。

12.接下来调整模板中的文字，选中文字图层，利用自由变换调整大小和位置，如图3-3-180所示。

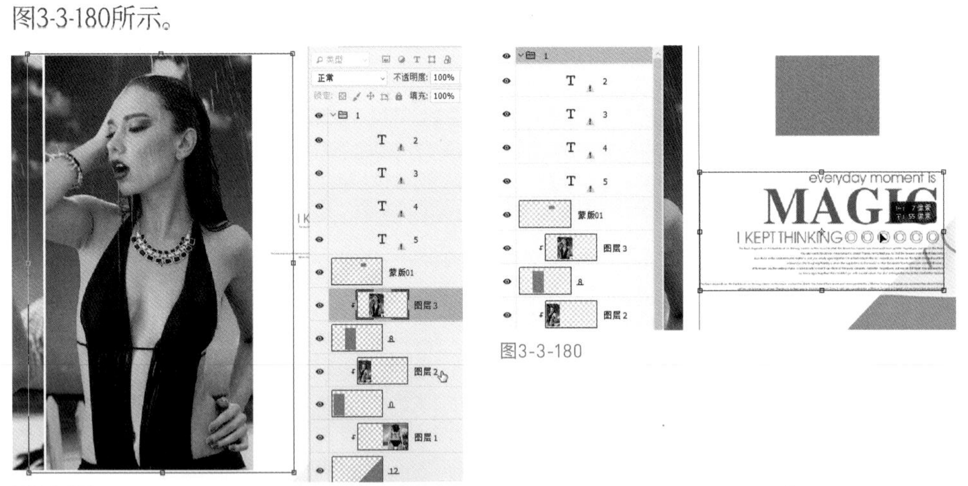

图3-3-179

图3-3-180

13.接着选择模板中文字上方的矩形框图层，使用“自由变换”调整大小，注意右边与文字的边缘对齐，如图3-3-181所示。

14.复制最先调入的照片(Ctrl+J组合键)，生成“图层1”拷贝，如图3-3-182所示。

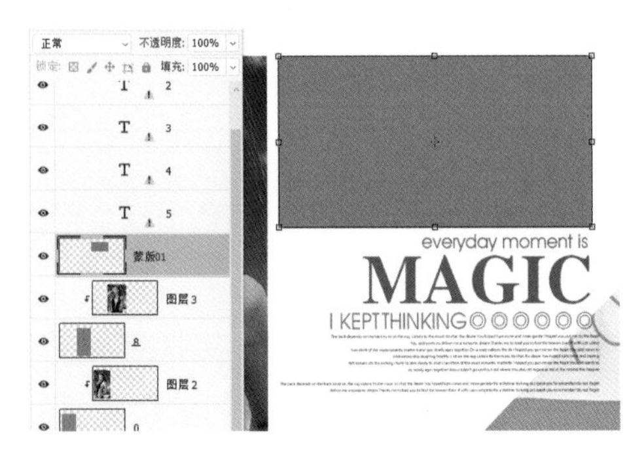

图3-3-181

图3-3-182

15.拖动复制的图层并调整顺序，将复制的图层移动到小矩形框的上方，然后将照片置入，如图3-3-183所示。

16.打开编辑菜单下的“自由变换”命令，适当调整构图，如图3-3-184所示。

图3-3-183

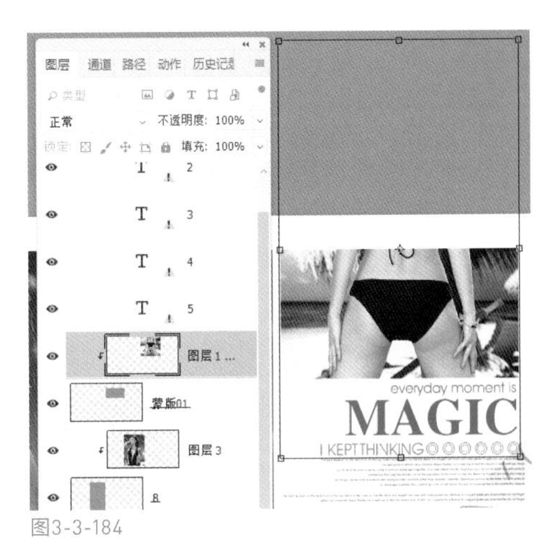

图3-3-184

17.至此模板套用结束，开始调整色彩。为最顶层添加“色相/饱和度”调整层，减少整个画面的饱和度，让画面变得柔和一些，如图3-3-185所示。

18.为整体添加曲线调整层，在总通道中适当添加一些对比，如图3-3-186所示。

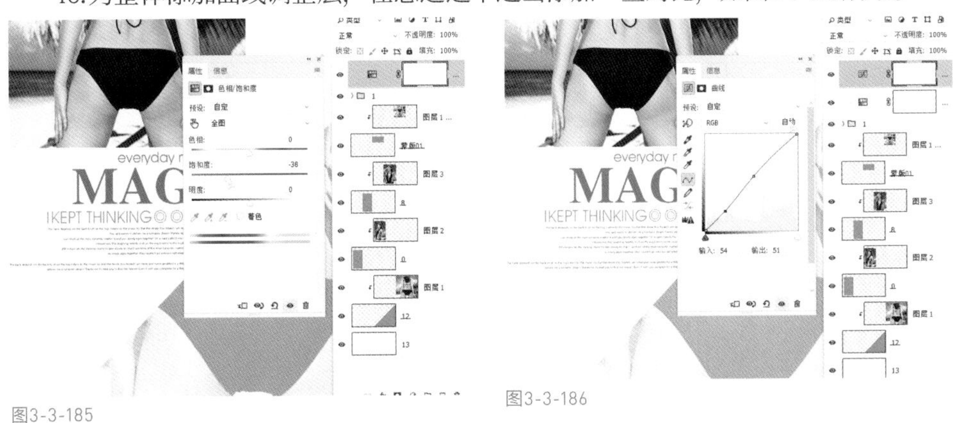

图3-3-185

图3-3-186

19.进入蓝通道，将顶点与底点反向调整，给暗部加入蓝色，亮部加入暖色，如图3-3-187所示。

20.进入绿通道，将顶点向左移动，给照片中的亮部加入些绿色，这样整个画面就变得柔和时尚了，如图3-3-188所示。

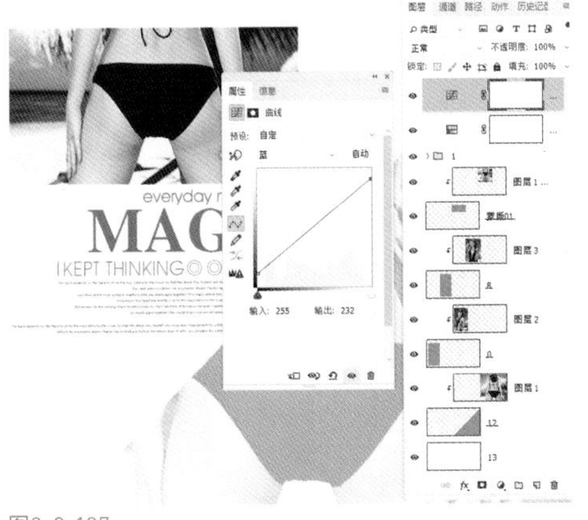

图3-3-187

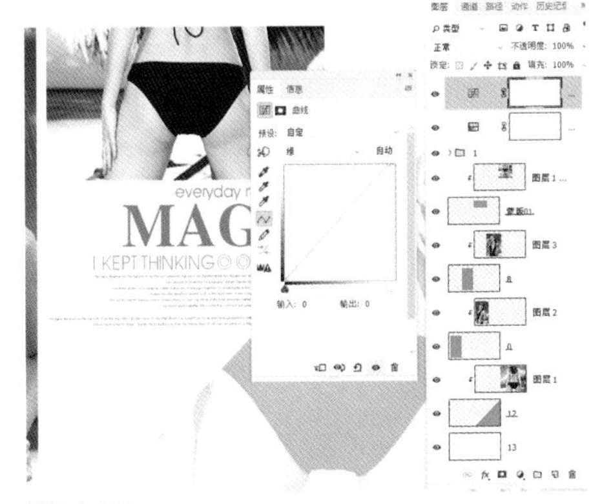

图3-3-188

一定要记得保存文件，保存一张分层的，再保存一张合层的。

2. 模板套用实例演示 2

1.打开一张写真类型的模板，如图3-3-189所示。

图3-3-189

2.修改文件的尺寸，在图像菜单下打开“图像大小”命令，设置尺寸为41厘米×29.5厘米，分辨率为254像素/英寸，如图3-3-190所示。

3.在视图菜单下打开“新建参考线”命令，设置取向为垂直，位置为50%，为模板建立中心线，如图3-3-191所示。

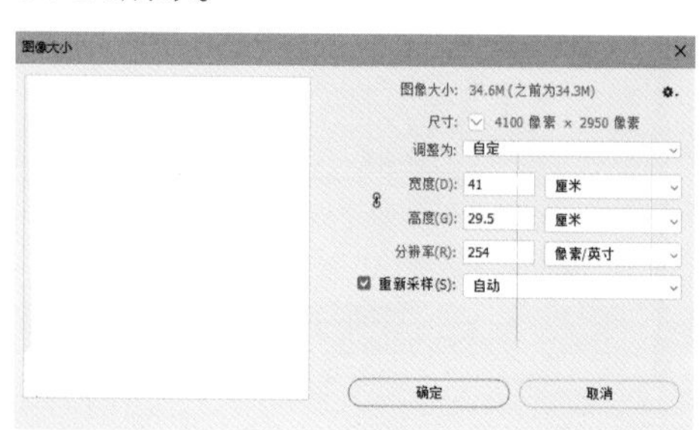

图3-3-190

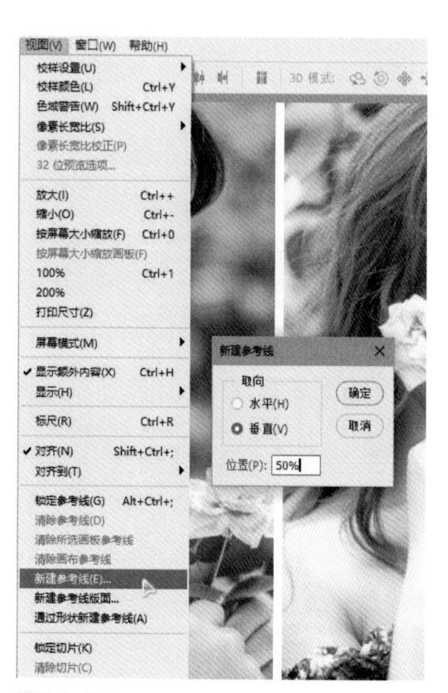

图3-3-191

图3-3-192

4.选中模板中的照片，单击右键删除图层，如图3-3-192所示。

5.选中模板中的左侧矩形框适当调整细节大小，如图3-3-193所示。

6.选中右侧的矩形框同样利用“自由变换”命令调整大小，一定要将两个矩形框调整到高度一致，如图3-3-194所示。

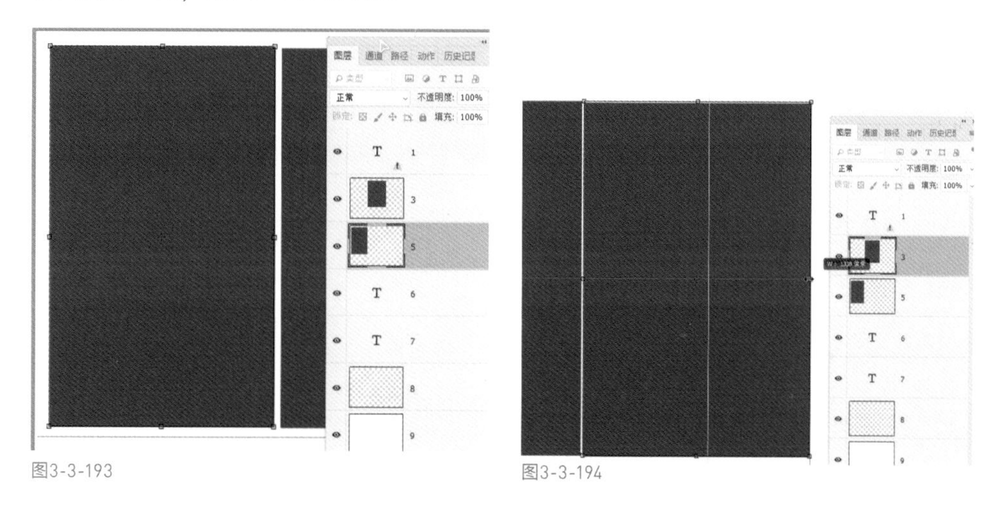

图3-3-193

图3-3-194

7.选中模板中的文字图层，在图层条中单击右键选择“栅格化文字”命令，将文字转换成图形，如图3-3-195所示。

8.利用自由变换将“E”字图层进行大小调整，上下与左侧的矩形框对齐，如图3-3-196所示。

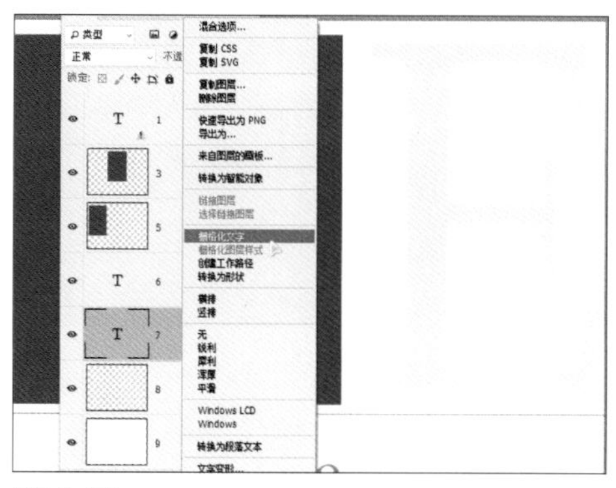

图3-3-195

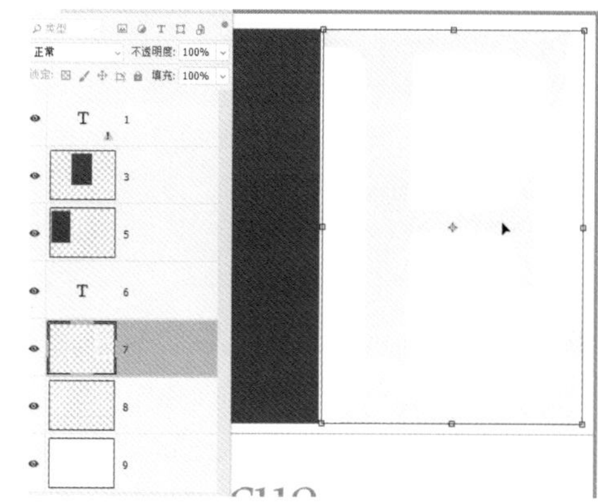

图3-3-196

9.打开需要套用的照片，此模板适合选择三张竖版照片，如图3-3-197、图3-3-198、图3-3-199所示。

图3-3-197

图3-3-198

图3-3-199

图3-3-200

10.在模板中选择最左侧的矩形框，然后利用移动工具将打开的照片拖入模板中，如图3-3-200所示。

11.将照片置入矩形框图层，创建剪贴蒙版，然后利用“自由变换”进行缩放调整，构图根据画面需求可以自行调整，如图3-3-201所示。

12.选择另一个矩形框图层，利用移动工具拖入第二张照片，如图3-3-202所示。

图3-3-201

图3-3-202

13.将照片以剪贴蒙版的形式置入到下方图层，通过“自由变换”适当缩放大小，如图3-3-203所示。

图3-3-203

14.选择“E”字图层，然后拖入第三张照片，如图3-3-204所示。

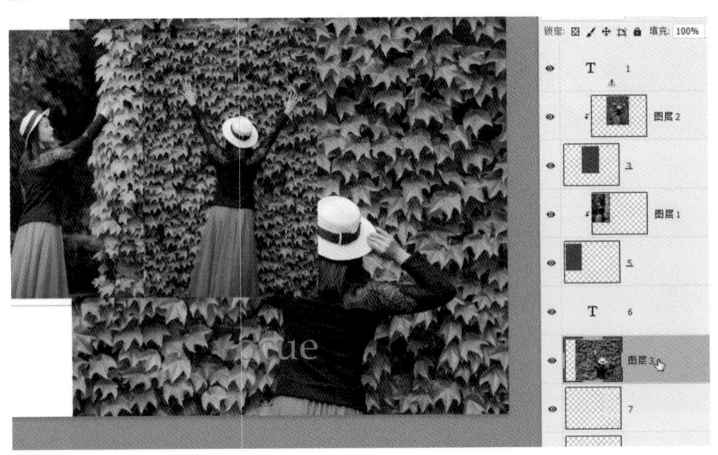

图3-3-204

15.将第三张照片置入到“E”字图层，同样利用“自由变换”适当缩放，如图3-3-205所示。

16.选中“E”字图层，将该图层的不透明度调整到45%，如图3-3-206所示。

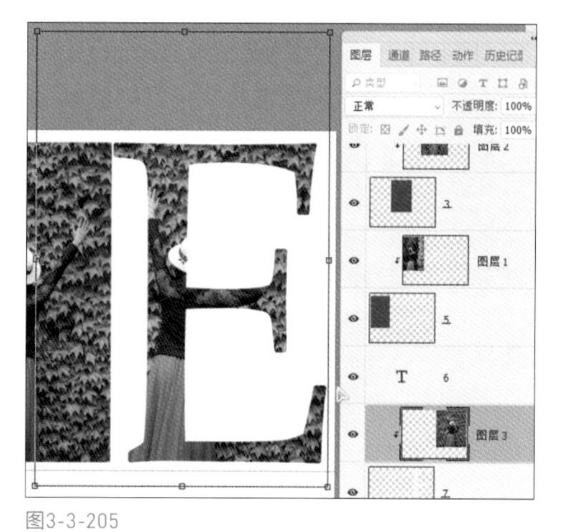

图3-3-205

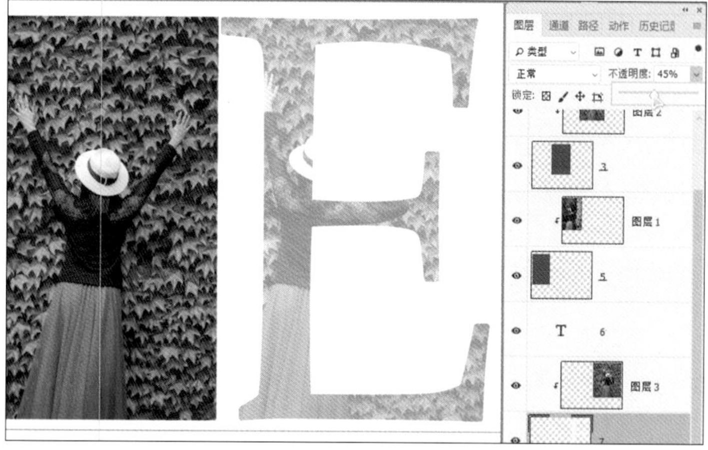

图3-3-206

17. 选择装饰线条图层，打开前景色拾色器，选择深绿色并且进行填充（Shift+Alt+Delete组合键），如图3-3-207所示。

18. 选中文字图层，利用自由变换将文字放大一些，然后适当调整位置，如图3-3-208所示。

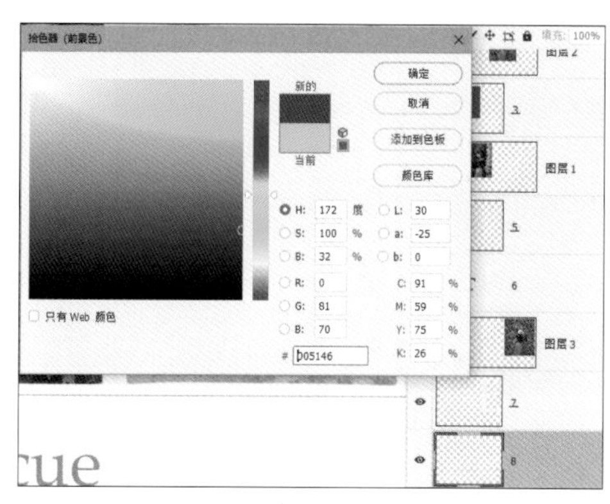

图3-3-207

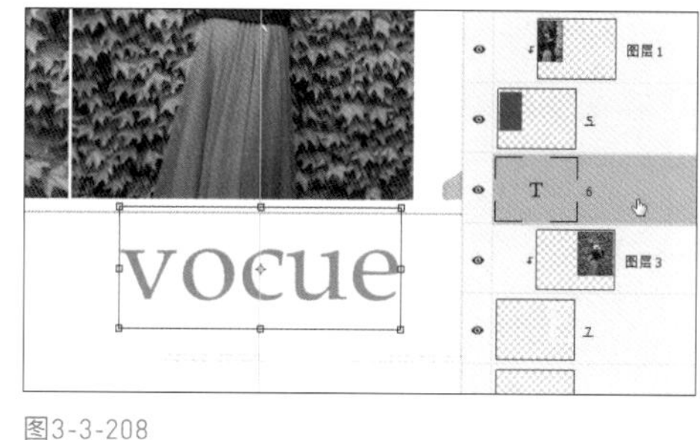

图3-3-208

19. 选中小文字图层，自由变换调整大小和位置，如图3-3-209所示。

20. 选择最底层的背景图层，打开前景色拾色器，选择一种浅绿色，如图3-3-210所示。

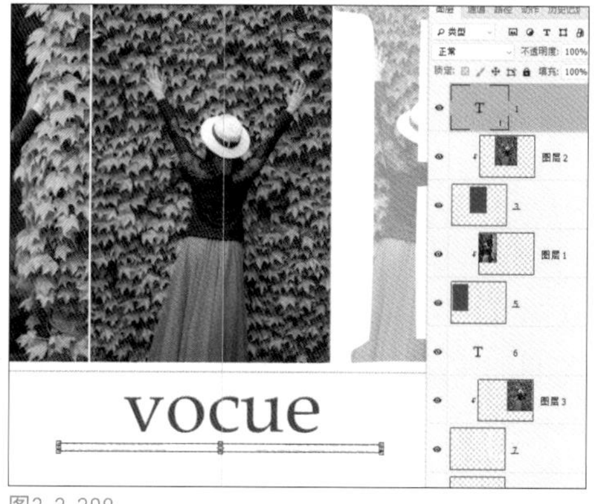

图3-3-209

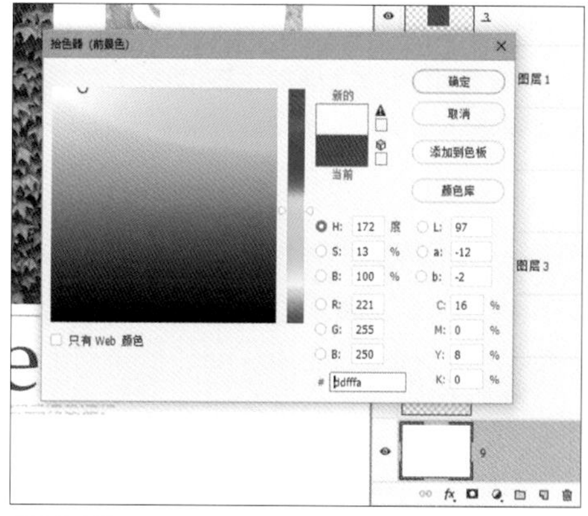

图3-3-210

21.将选中的颜色填充到选中的背景层中（Alt+Delete组合键），让整个背景层符合整体色调风格，如图3-3-211所示。

图3-3-211

至此，整个模板套用结束如图3-3-212，最后进行保存即可。

图3-3-212

在本章中我们介绍了所有类型模板的套用方式，从模板的组成到模板的分类再到模板的套用技巧，涵盖了所有有关模板套用的知识点。如果能将本章内容全部学会，那么制作出一本完整且美观的相册简直就是小菜一碟。

各位读者，当您读到此处的时候，就意味着本卷书籍完全结束了。本卷一共三章内容，从形体液化到色彩调整再到模板套用，延续了第1卷内容。本卷中的所有知识在整个后期处理中属于比较核心的部分，涵盖了人像和风光的修饰及调色，非常全面且具有针对性地解释了后期处理的重点与难点，希望此书依然能够给您带来意想不到的收获，真正帮您学习到更多的后期知识。

后期的学习离不开练习，在您阅读本书的同时请尽量按书中的步骤同步进行操作，相关的照片及素材都随书赠送给您了，多多努力就能有更多的收获。

感谢大家的支持，建议您一起购买本书的前作及后作，也就是第1卷和第3卷。第3卷后续将会编写和出版，敬请期待。

最后感谢人民邮电出版社和中艺网校、中艺影像为本书的编写提出的有效建议和帮助。也感谢中艺网校的部分学员为本书提供摄影作品，因为有了你们的支持与帮助才会有本书的诞生。

感谢你们！

后记

从事摄影后期教学工作十余年来，我对摄影后期的研究一直没有停止。总结这十余年的教学经验和学生最需要的知识，我汇总编写了这一套《数码后期修图师完全手册》系列教材，整个筹划、编写过程历时一年多。写书不同于讲课，讲课靠声音语言，只要能说话就可以把问题和知识叙述清楚。写书靠的是文字语言，将问题和知识叙述清晰并不是很容易的事。好在我以笨拙但清晰的文字语言坚持到了最后，当然这必须得感谢一直支持我的广大读者。

《数码后期修图师完全手册》系列教材预计共九个章节，从零开始教你如何做好摄影后期处理，循序渐进地带你进入神秘的后期领域。其中涵盖了基础操作、修图、调色、合成、排版等知识。如果细数里面的细节知识点那就太多了，从工具到图层、从选区到蒙版，包罗万象。此系列教材分为了三卷。第1卷以基础知识为主，已经在2018年1月出版。本书为第2卷，以晋级知识为主，第3卷以排版设计以及一些常见特效、合成为主。如果您是一位摄影爱好者或者后期制作爱好者，那么这一系列教材是您值得拥有的。

在中艺网校授课也近五年，网络课堂的优势就是受众范围广，结识的人也多。其实一直让我坚持下去的动力就来自于广大的学生，太多的学生都期待这套教材的问世，所以我也就下定决心坚持了下来。

教材编写之前曾与人民邮电出版社胡岩老师聊了很多，针对教材该如何编写，采取什么方向，胡岩老师也提出了宝贵的意见。最后在中艺影像董事长杨淑娟女士和中艺网校郑利伟先生的鼓励与帮助下开启了《数码后期修图师完全手册》系列教材的编写历程。

编写过程中得到了很多朋友和学生们的支持，缺少图片了有学生提供，缺少素材了有同事帮忙，其实任何一件事情都不可能一个人完成，如果没有大家的帮助那么这套教材的问世可能不知要到哪年哪月了。这里主要感谢我的美女同事田得友老师，以及杨燕、李志杰、浅笑安然、罗灵燕、桑海叶、张峥嵘、彭军、庄亚仙、白石山人、张建发，感谢各位为本书提供作品。

感谢大家的支持与帮助!

王永亮

2018年7月